Amtliche Mitteilungen

aus der

Abteilung für Forsten

des

Königlich Preußischen Ministeriums für Landwirtschaft,
Domänen und Forsten.

1912.

Springer-Verlag Berlin Heidelberg GmbH 1914

ISBN 978-3-662-38689-7   ISBN 978-3-662-39563-9 (eBook)
DOI 10.1007/978-3-662-39563-9

Vorbemerkung.

Die nachstehenden Tafeln schließen sich an die Tabellen der dritten Auflage des Werkes

„von Hagen, die forstlichen Verhältnisse Preußens"

bearbeitet von Donner, und die weiteren „Amtlichen Mitteilungen" an. Sie haben deshalb dieselben Zahlen erhalten wie die Tabellen jenes Werkes.

Die Forstwirtschaftsjahre sind gemäß dem Erlasse vom 27. Mai 1913 III 5836 mit **einer** Zahl bezeichnet, z. B. „Forstwirtschaftsjahr 1914" statt „Forstwirtschaftsjahr 1. Oktober 1913/14".

Inhalts-Verzeichnis.

Statistische Tafeln.

		Seite
7 b.	Übersicht über die Ein- und Ausfuhr von Holz und Waldsamen für das deutsche Zollgebiet in den Jahren 1909 bis 1912	2
8 b.	Nachweisung des durchschnittlichen Verwertungspreises für ein Festmeter Holz im Etatsjahre und Forstwirtschaftsjahre 1912	6
9 c.	Nachweisung der Durchschnittspreise einiger Holzsortimente im Etatsjahre und Forstwirtschaftsjahre 1912	8
11 b.	Zusammenstellung der im ganzen Staate ausgegebenen Jagdscheine im Etatsjahre 1912	12
18 b.	Zusammenstellung der in den Staatsforsten beim Forst- und Jagdschutze vorgekommenen Tötungen und Verwundungen in den Jahren 1909 bis 1913	12
19 b.	Nachweisung der Forst-, Jagd- und Fischereifrevel in den Staatsforsten im Kalenderjahre 1912	13
27 a.	Summarische, nach alten und neuen Provinzen getrennte Übersicht über den Fortgang der Berechtigungs- usw. Ablösungen in den Staatsforsten in den Etatsjahren 1908 bis 1912	14
27 b.	Übersicht über den Fortgang der Forstberechtigungs- usw. Ablösungen in den einzelnen Regierungsbezirken im Etatsjahre 1912	14
27 c.	Zusammenstellung der Amortisationsrenten, die für abgelöste Leistungen der Forstverwaltung an Kirchen, Pfarren, Küstereien, sonstige geistliche Institute, fromme und milde Stiftungen, Wohltätigkeitsanstalten usw. in den Etatsjahren 1909 bis 1912 an die Provinzial-Rentenbanken gezahlt worden sind	15
33 a.	Nachweisung des jährlichen Bedarfs an Kiefernsamen in den Staatsforsten und der auf den Königlichen Darren gewonnenen Samenmengen in den Forstwirtschaftsjahren 1908 bis 1912	15
34 a.	Nachweisung über den Wildabschuß und die Erträge aus der Jagd im Etatsjahre 1912	16

IV

		Seite
37 c.	Nachweisung des Holzertrages der Staatsforsten im Forstwirtschaftsjahre 1912	18
38 b.	Übersicht des Holzertrages und des Sortenverhältnisses in den Staatsforsten für die Forstwirtschaftsjahre 1908 bis 1912	20
42.	Zusammenstellung der in den Etatsjahren 1909 bis 1912 in den preußischen Staatsforsten verwerteten Eichenrinde	21
45 a.	Übersicht des Geldertrages aus der Holznutzung in den einzelnen Regierungsbezirken für das Hektar der zur Holzzucht bestimmten Fläche in den Etatsjahren 1909 bis 1912	22
46 b.	Hauptübersicht der Ist-Einnahmen und -Ausgaben der Staatsforstverwaltung im Etatsjahre und Forstwirtschaftsjahre 1912	23
46 c.	Nachweisung der Einnahmen und Ausgaben der Staatsforstverwaltung im Etatsjahre und Forstwirtschaftsjahre 1912	33
46 d.	Nachweisung über die Reinerträge der Staatsforsten im Etatsjahre 1912	36
47.	Gegenüberstellung der Einnahmen und Ausgaben für Torfgräbereien der Staatsforstverwaltung in den Etatsjahren 1909 bis 1912	37
49.	Übersicht über die auf 1 ha der nutzbaren Fläche (von 1910 ab der Gesamtfläche) entfallenden dauernden Ausgaben der Staatsforstverwaltung für die Etatsjahre 1908 bis 1912	37
52 a.	Nachweisung der während des Jahres 1913 vorgekommenen erheblicheren Brände in den Staatswaldungen und der hierdurch vernichteten Holzbestände	37
54 b.	Vergleichung des Flächeninhalts, des Holzeinschlags, der Einnahme, der Ausgabe und des Reinertrages der Staatsforsten in den Jahren 1908 bis 1912 mit den Ergebnissen des Jahres 1868, letztere gleich 100 gerechnet	38
56 b. c.	Nachweisung über die Zahl der Studierenden der Forstakademien in Eberswalde und Münden im Sommerhalbjahre 1913 und Winterhalbjahre 1913/14	38
56 d.	Nachweisung der an den Königlichen Forstlehrlingsschulen Preußens geprüften Försteranwärter	38
58.	Nachweisung der verausgabten Kultur- und Verkehrswegebaugelder für das Etatsjahr und Forstwirtschaftsjahr 1912	39
59.	Nachweisung über die Arbeiter der Staatsforstverwaltung für das Etatsjahr und Forstwirtschaftsjahr 1912	44
60.	Nachweisung der aus dem Forstbaufonds zu unterhaltenden Gebäude nach dem Stande vom 1. Oktober 1913	46

Statistische Tafeln.

Tafel
Übersicht über die Ein= und Ausfuhr von Holz und Waldsamen

Die stehenden Zahlen bezeichnen die Einfuhr, die schrägen die

Jahr	Bau= und Nutzholz										
	unbearbeitet oder lediglich quer bearbeitet							längs beschlagen usw., gerissene			
	Eichenholz	Nußbaumholz	Buchen= und anderes hartes Holz	weiches Laubholz	Nadelholz	Grubenholz	Bau= und Nutzholz, roh oder quer bearbeitet für Grenzbewohner	Eichenholz	Nußbaumholz	Buchen= und anderes hartes Holz	weiches Laubholz
	1.	2.	3.	4.	5.	6.	7.	8.	9.	10.	11.	12.

Zollsätze nach dem Reichsgesetze

0,20 ℳ; bei den meistbegünstigten Staaten 0,12 ℳ　　　　0,50 ℳ; bei den meistbegünstigten

Gedämpftes, getränktes oder sonst auf chemischem Wege behandeltes Bau= und Nutzholz

Jahr	2.	3.	4.	5.	6.	7.	8.	9.	10.	11.	12.
1909	1 171 453	51 614	846 375	1 840 717	26 853 063	3 369 403	103 860	222 681	147 416	32 089	54 773
	100 616	187 036		47 224	1 044 197	Nur für die Einfuhr		33 366	In Spalte 3—5 nachgewiesen		
1910	1 350 762	45 113	864 092	1 910 187	26 907 844	2 666 319	80 874	182 368	162 192	42 049	61 571
	99 146	246 448		49 720	1 349 303	Nur für die Einfuhr		19 897	In Spalte 3—5 nachgewiesen		
1911	1 431 005	37 616	988 760	2 610 505	28 698 380	2 823 286	133 483	190 047	116 189	50 734	32 658
	103 861	264 512		45 046	1 355 516	Nur für die Einfuhr		24 740	In Spalte 3—5 nachgewiesen		
1912	1 790 487	51 394	1 212 967	2 641 976	28 379 685	2 712 534	151 377	266 242	159 083	47 385	43 600
	104 576	7 528	247 352	53 620	1 562 189	Nur für die Einfuhr		34 331	In Spalte 3—5 nachgewiesen		

Jahr	Bau= und Nutzholz Spalte 2 bis 21:		Erikaholz, Kokusholz,		Zedernholz		Mahagoni=, Polisanderholz			Buchsbaum=
	Summe	Überschuß der Einfuhr über die Ausfuhr	unbearbeitet oder geschnitten	unbearbeitet oder geschnitten	roh usw.	gesägt usw., nicht gehobelt	roh oder quer bearbeitet	beschlagen usw.	gesägt usw.	roh oder quer bearbeitet
	22.	23.	24.	25.	26.	27.	28.	29.	30.	31.

Zollsätze nach dem Reichsgesetze

			frei		0,10 ℳ	0,25 ℳ	0,20 ℳ	0,50 ℳ	1,25 ℳ	0,20 ℳ
1909	56 059 622	53 554 998	11 010	5 771	208 741	49 963	192 672	203 779	2 881	28 902
	2 504 624		3 358		6 343		27 110			
1910	57 462 114	54 386 796	12 268	5 316	178 086	48 532	59 049	135 579	1 795	38 176
	3 075 318		5 512		4 218		28 082			
1911	61 322 709	58 294 910	13 353	14 071	191 188	60 506	39 600	112 948	2 473	38 618
	3 027 799		4 544		7 451		26 625			
1912	61 919 103	58 579 503	13 722	12 159	178 800	58 578	54 352	153 207	1 811	43 508
	3 339 600		2 787		6 294		40 127			

Anmerkung: Infolge der Änderung des statistischen Warenverzeichnisses hat sich diese Tafel geändert. In den Vergleichszahlen für weiche beim Nadelholz der betreffenden Gruppe mitaufgeführt. Bei den gedämpften und getränkten Eisenbahnschwellen, den Holzpflasterklötzen, Raben nachgewiesen. Außerdem hat die Tafel eine geringe Erweiterung erfahren.

7b.
für das deutsche Zollgebiet in den Jahren 1909 bis 1912.
Ausfuhr in Mengen von 100 Kilogramm (1 dz) Reingewicht.

Späne, Klärspäne		Bau- und Nutzholz						
		\multicolumn{7}{c}{längs gesägt, nicht gehobelt usw.}						
Nadelholz	Telegraphenstangen aller Art	gedämpft, getränkt usw.		anderes				
		hart	weich	Eichenholz	Nußbaumholz	Buchen- und anderes hartes Holz	weiches Laubholz	Nadelholz
13.	14.	15.	16.	17.	18.	19.	20.	21.
vom 7. Februar 1906 für 1 dz								
Staaten 0,24 ℳ		1,25 ℳ; bei den meistbegünstigten Staaten 0,72 ℳ.						
		unterliegt einem Zollzuschlage von 0,30 ℳ für 1 dz Hartholz und 0,40 ℳ für 1 dz Weichholz.						
3 960 267	.	2 331	2 351	700 444	89 799	202 582	534 014	15 874 390
52 129	189 658	8 564	663	89 722	98 765		19 480	633 204
3 728 691	.	3 318	1 591	685 765	82 430	194 561	633 963	17 858 424
67 831	236 940	5 286	1 803	116 240	92 155		20 803	769 746
3 531 684	.	1 318	2 834	688 600	69 635	201 800	684 957	19 029 218
40 023	311 062	8 830	3 435	108 074	95 453		24 807	642 440
3 075 278	.	2 102	464	897 858	79 445	232 953	812 341	19 361 932
30 384	355 807	15 030	2 150	115 064	117 202		27 987	666 380

Eben-, Tiek-, Pockholz		Spalte 24 bis 33:		Eisenbahnschwellen			Spalte 36 bis 38:	
					nicht gedämpft usw.			
beschlagen usw.	gesägt usw.	Summe	Überschuß der Einfuhr -Ausfuhr- über die Ausfuhr -Einfuhr-	gedämpft, getränkt, nicht gehobelt	aus hartem Holze	aus weichem Holze	Summe	Überschuß der Einfuhr -Ausfuhr- über die Ausfuhr -Einfuhr-
32.	33.	34.	35.	36.	37.	38.	39.	40.
vom 7. Februar 1906 für 1 dz								
0,50 ℳ	1,25 ℳ			Nicht gehobelt, mit der Axt bearbeitet, auf nicht mehr als einer Längsseite gesägt 0,40 ℳ; bei den meistbegünstigten Staaten 0,24 ℳ; — auf mehr als einer Längsseite gesägt 1,25 ℳ; bei den meistbegünstigten Staaten 0,72 ℳ. Für gedämpfte, getränkte usw. Eisenbahnschwellen aus Hartholz ein Zollzuschlag von 0,30 ℳ, aus Weichholz von 0,40 ℳ für 1 dz, der bei den meistbegünstigten Staaten fortfällt.				
39 332	41 674	784 725	747 914	3 586	332 888	2 635 207	2 971 681	2 140 429
			36 811		831 252			831 252
35 572	55 257	569 630	531 818	3 664	152 445	1 495 317	1 651 426	1 015 707
			37 812		635 719			635 719
50 886	56 063	579 706	541 086	10 652	181 457	1 840 881	2 032 990	1 459 477
			38 620		573 513			573 513
60 325	82 196	658 658	609 450	4 151	193 111	1 819 301	2 016 563	1 422 052
			49 208		594 511			594 511

1909—1911 ist das gedämpfte und getränkte harte Bau- und Nutzholz, soweit es nicht mehr besonders nachgewiesen wird, beim Eichenholz, das und Felgen sowie beim Faßholz ist die Trennung nach hartem und weichem Holz weggefallen. Beim Farbholz wird Gelb- und Rotholz ungetrennt

Jahr	Holzpflasterklötze		Naben, Felgen, Speichen usw.	Faßholz, ungefärbt, nicht gehobelt		Korbweiden, Faschinen	Reifenstäbe	Spalte 41 bis 47:		Holz zu Holzmasse, Holzschliff, Zellstoff	Überschuß der Einfuhr -Ausfuhr- über die Ausfuhr -Einfuhr-
	gedämpft, getränkt usw.	andere		von Eichenholz	von anderem Holz			Summe	Überschuß der Einfuhr -Ausfuhr- über die Ausfuhr -Einfuhr-		
	41.	42.	43.	44.	45.	46.	47.	48.	49.	50.	51.
	\multicolumn{11}{	l	}{Zollsätze nach dem Reichsgesetze}
	1,25 ℳ; bei den meistbegünstigten Staaten 0,72 ℳ. — Für gedämpfte, getränkte usw. Holzpflasterklötze ein Zollzuschlag von 0,40 ℳ für 1 dz, der bei den meistbegünstigten Staaten fortfällt.		1 ℳ; bei den meistbegünstigten Staaten 0,72 ℳ	0,30 ℳ; bei den meistbegünstigten Staaten 0,20 ℳ	0,40 ℳ; bei den meistbegünstigten Staaten 0,30 ℳ	0,55 ℳ	0,55 ℳ			frei	
1909	5 214 / 9 975	1	76 869 / 422	395 891 / 21 070	42 394 / 28 556	12 644 / 26 381	27 861	560 874 / 86 404	474 470	10 652 501 / 380 032	10 272 469
1910	6 740 / 8 111	916	62 061 / 680	350 416 / 31 294	28 321 / 26 188	9 856 / 35 369	34 870	493 180 / 101 642	391 538	9 693 175 / 330 055	9 363 120
1911	16 340 / 9 099	1164	80 929 / 1 036	390 935 / 35 523	36 207 / 15 974	12 302 / 41 254	22 946	560 823 / 102 886	457 937	7 718 895 / 449 341	7 269 554
1912	17 800 / 8 045	10	62 913 / 1 957	413 189 / 26 053	40 468 / 20 037	15 831 / 37 285	33 681	583 892 / 93 377	490 515	11 127 068 / 440 363	10 686 705

Jahr	Farbhölzer			Gerbrinden, auch gemahlen			Quebracho- und anderes Gerbholz		Spalte 62 bis 69:	
	in Blöcken, Wurzeln		zerkleinert, angegoren	Eichenrinde	Nadelholzrinden	Mimosa-, Mangrove-, Maletto- und andere Gerbrinden	in Blöcken	zerkleinert	Summe	Überschuß der Einfuhr -Ausfuhr- über die Ausfuhr -Einfuhr-
	Blauholz	Gelb-, Rotholz								
	62.	63.	64.	65.	66.	67.	68.	69.	70.	71.
	\multicolumn{10}{	l	}{Zollsätze nach dem Reichsgesetze}
	frei	frei	frei	1,50 ℳ; bei den meistbegünstigten Staaten frei			7 ℳ; bei den meistbegünstigten Staaten 2 ℳ			
1909	94 489 / 8 256	20 690 / 1 827	880 / 18 794	434 412 / 20 839	348 744 / 8 368	272 190 / 22 780	934 369 / 434	40 523 / 128 957	2 146 297 / 210 255	1 936 042
1910	96 191 / 5 467	18 957 / 3 591	920 / 17 801	394 975 / 10 022	329 435 / 7 935	398 152 / 24 749	1 410 608 / 10	29 167 / 121 662	2 678 405 / 191 237	2 487 168
1911	101 531 / 5 534	20 884 / 3 320	758 / 17 731	306 266 / 8 206	265 940 / 6 573	367 879 / 16 871	1 552 807 / 233	17 500 / 96 264	2 633 565 / 154 732	2 478 833
1912	115 192 / 6 126	15 220 / 1 132	1 722 / 13 642	302 214 / 6 936	259 191 / 7 439	403 017 / 26 539	1 032 946 / 23	31 568 / 66 220	2 161 070 / 128 057	2 033 013

7 b.

Kiefern-zapfen	Brennholz, Zapfen von sonstigen Nadelhölzern, Gerblohe, Lohkuchen	Holzkohlen, auch gepulvert, Holzkohlen-briketts	Spalte 52 bis 54:		Holzmehl und Holzwolle	Korkholz un-bearbeitet, Zier-korkholz	Kork-abfälle	Spalte 57 bis 59:	
			Summe	Überschuß der Einfuhr -Ausfuhr- über die Ausfuhr -Einfuhr-				Summe	Überschuß der Einfuhr -Ausfuhr- über die Ausfuhr -Einfuhr-
52.	53.	54.	55.	56.	57.	58.	59.	60.	61.

vom 7. Februar 1906 für 1 dz

frei	frei	frei			0,40 ℳ	frei	frei		
1 137 426	186 878	1 324 304	224 943	10 008	112 336	167 074	289 418	222 201	
996 120	103 241	1 099 361		56 761	10 456	Nicht beson-ders geführt	67 217		
1 007 522	180 235	1 187 757	110 832	34 224	168 714	147 467	350 405	281 546	
959 022	117 903	1 076 925		61 444	7 415	Nicht beson-ders geführt	68 859		
11 227	960 384	173 747	1 145 358		51 920	200 611	168 303	420 834	339 340
	1 000 250	147 470	1 147 720	2 362	72 135	9 359	Nicht beson-ders geführt	81 494	
12 391	739 480	157 296	909 167		53 189	206 878	157 116	417 183	303 842
	1 023 975	169 502	1 193 477	284 310	98 738	14 603		113 341	

Eicheln	Kiefernsamen	Wilde Kastanien, Waldholz-samen und andere Forstsamen (ohne Buch-eckern)	Spalte 72 bis 74:		Im ganzen		Nach dem Verhält-nis der Einwohner-zahl des Preußischen Staates zu derjenigen des deutschen Zollgebietes treffen von dem Überschuß in Spalte 78 auf Preußen (in 100 kg)
			Summe	Überschuß der Einfuhr -Ausfuhr- über die Ausfuhr -Einfuhr-	Summe der Spalten 22, 34, 39, 48, 50, 55, 60, 70 und 75	Überschuß der Einfuhr über die Ausfuhr	
72.	73.	74.	75.	76.	77.	78.	79.

vom 7. Februar 1906 für 1 dz

frei	frei	frei					
23 593	7 000		30 593	26 891	74 820 015	69 600 357	43 133 320
	3 702		3 702			5 219 658	
8 307	7 008		15 315	11 403	74 101 407	68 579 928	43 500 938
	3 912		3 912			5 521 479	
33 744	378	7 696	41 818	34 709	76 456 698	70 873 484	43 922 313
		7 109	7 109			5 583 214	
22 209	488	5 271	27 968	24 207	79 820 672	73 864 977	45 776 226
		3 761	3 761			5 955 695	

Tafel

Nachweisung des durchschnittlichen Verwertungspreises für 1 Fest-

Laufende Nummer	Regierungs-bezirk	Verwertete Holzmasse						im ganzen (Spalten 5 + 8)	Geldertrag			
		Bau- und Nutzholz einschl. Nutzrinde			Brennholz einschl. Brennrinde				Bau- u. Nutzholz einschl. Nutzrinde		Brennholz einschl. Brennrinde	
		aus dem Bestande des Vorjahres	aus dem Ein-schlage des letzten abgeschlossenen Jahres	Zusammen (Spalten 3 + 4)	aus dem Bestande des Vorjahres	aus dem Ein-schlage des letzten abgeschlossenen Jahres	Zusammen (Spalten 6 + 7)		Für das Holz in den Spalten 3 und 4 zur Kasse gelangen	Verwertungspreis für 1 fm	Für das Holz in den Spalten 6 und 7 zur Kasse gelangen	Verwertungspreis für 1 fm
		Festmeter							ℳ	ℳ | ₰	ℳ	ℳ | ₰
1.	2.	3.	4.	5.	6.	7.	8.	9.	10.	11.	12.	13.
1	Königsberg	3	190 676	190 679	20 567	307 708	328 275	518 954	2 747 693	14|41	1 232 425	3|75
2	Gumbinnen	29	305 061	305 090	8 293	348 896	357 189	662 279	3 727 152	12|22	1 411 226	3|95
3	Allenstein	.	650 192	650 192	8 531	252 025	260 556	910 748	10 256 048	15|77	990 395	3|80
4	Danzig	1	238 889	238 890	7	190 880	190 887	429 777	3 664 332	15|34	772 496	4|05
5	Marienwerder	17	676 143	676 160	1 084	403 370	404 454	1 080 614	10 677 932	15|79	1 572 561	3|89
6	Potsdam	149	613 791	613 940	554	382 960	383 514	997 454	10 637 581	17|33	2 253 623	5|88
7	Frankfurt a. O.	.	606 070	606 070	620	259 074	259 694	865 764	9 899 714	16|33	1 205 651	4|64
8	Stettin	.	316 382	316 382	271	219 183	219 454	535 836	5 920 622	18|71	1 117 848	5|09
9	Köslin	.	98 928	98 928	.	147 855	147 855	246 783	1 779 455	17|99	696 107	4|71
10	Stralsund	26	62 928	62 954	156	58 379	58 535	121 489	923 202	14|66	279 278	4|77
11	Posen	.	429 054	429 054	1 741	157 457	159 198	588 252	5 865 690	13|67	700 252	4|40
12	Bromberg	1	343 384	343 385	10	225 906	225 916	569 301	4 523 988	13|17	989 060	4|38
13	Breslau	3	326 497	326 500	2 906	144 572	147 478	473 978	5 219 291	15|99	730 962	4|96
14	Liegnitz	3	92 929	92 932	2	29 287	29 289	122 221	1 582 143	17|02	150 249	5|13
15	Oppeln	3	365 929	365 932	2	104 741	104 743	470 675	5 725 597	15|65	506 064	4|83
16	Magdeburg	.	140 772	140 772	.	124 389	124 389	265 161	2 317 469	16|46	546 964	4|40
17	Merseburg	4	204 250	204 254	.	154 529	154 529	358 783	3 921 587	19|20	827 937	5|36
18	Erfurt	.	166 936	166 936	.	105 964	105 964	272 900	3 112 847	18|65	632 174	5|97
19	Schleswig	30	100 798	100 828	6	107 646	107 652	208 480	1 176 910	11|67	601 326	5|59
20	Hannover	.	86 838	86 838	68	58 258	58 326	145 164	1 336 007	15|39	288 118	4|94
21	Hildesheim	.	367 158	367 158	3 913	267 174	271 087	638 245	6 405 625	17|45	1 121 244	4|14
22	Lüneburg	.	216 649	216 649	.	99 014	99 014	315 663	2 898 664	13|38	491 891	4|97
23	Stade	12	39 319	39 331	.	23 793	23 793	63 124	570 109	14|50	98 629	4|15
24	Osnabrück mit Aurich	.	30 791	30 791	.	18 703	18 703	49 494	432 519	14|05	88 639	4|74
25	Minden mit Münster	.	130 236	130 236	10	131 117	131 127	261 363	1 862 200	14|30	535 595	4|08
26	Arnsberg	1	74 831	74 832	.	57 839	57 839	132 671	1 112 479	14|87	252 419	4|36
27	Cassel	1	421 878	421 879	741	622 208	622 949	1 044 828	5 796 715	13|74	2 487 060	3|99
28	Wiesbaden	.	81 209	81 209	98	199 953	200 051	281 260	1 089 864	13|42	1 123 890	5|62
29	Coblenz	.	72 860	72 860	.	86 360	86 360	159 220	935 262	12|84	447 487	5|18
30	Düsseldorf	.	50 820	50 820	.	31 074	31 074	81 894	756 387	14|88	111 005	3|57
31	Cöln	.	34 324	34 324	.	16 586	16 586	50 910	440 460	12|83	62 161	3|75
32	Trier	.	175 054	175 054	.	179 966	179 966	355 020	2 510 848	14|34	1 081 714	6|01
33	Aachen	.	109 952	109 952	.	49 811	49 811	159 763	1 455 245	18|24	132 624	2|66
	Zusammen	283	7 821 528	7 821 811	49 580	5 566 677	5 616 257	13 438 068	121 281 637	15|51	25 539 074	4|55

8 b.

meter Holz im Etatsjahre und Forstwirtschaftsjahre 1912.

für Holz im ganzen (Spalten 10 + 12)	Gesamtverwertungspreis für 1 fm (Bau-, Nutz- und Brennholz zusammen) 14 : 9	Von der Holzmasse in Spalte 9 sind		Holzwerbungskosten (Titel 20 abzüglich etwaiger Werbungskosten für Nebennutzungen)	Der Verwertungspreis für 1 fm Derbholz beträgt, wenn der Erlös für Stockholz und Reisig mitgerechnet wird,				Von dem Einschlage des letzten abgeschlossenen Jahres sind unverwertet geblieben		Bemerkungen
		Derbholz	Nichtderbholz		einschl. (14 : 16)		ausschl. [(14—18) : 16]		Bau- und Nutzholz	Brennholz	
					der Werbungskosten						
ℳ	ℳ ₰	fm	fm	ℳ	ℳ ₰		ℳ ₰		fm	fm	
14.	15.	16.	17.	18.	19.		20.		21.	22.	23.
3 980 118	7 67	466 437	52 517	691 198	8	53	7	05	1	25 743	
5 138 378	7 76	584 939	77 340	927 326	8	78	7	20	6	5 352	
11 246 443	12 35	831 062	79 686	1 076 829	13	53	12	24	243	1 713	
4 436 828	10 32	356 403	73 374	428 360	12	45	11	25	95	18	
12 250 493	11 34	909 599	171 015	1 000 025	13	47	12	37	.	7	Zu Spalte 3: 3 fm mehr) als in der vorjährigen " " 6: 1 " " } Nachweisung.
12 891 204	12 92	904 414	93 040	1 300 181	14	25	12	82	92	113	
11 105 365	12 83	784 866	80 898	982 693	14	15	12	90	844	815	Zu Spalte 3 und 6: Je 1 fm weniger als in der vorjährigen Nachweisung.
7 038 470	13 14	491 199	44 637	571 209	14	33	13	17	.	.	
2 475 562	10 03	199 740	47 043	275 082	12	39	11	02	.	.	
1 202 480	9 90	100 328	21 161	206 350	11	99	9	93	.	1	
6 565 942	11 16	504 826	83 426	640 128	13	01	11	74	126	219	Zu Spalte 6: In der vorjährigen Nachweisung 222 fm zu wenig angegeben.
5 513 048	9 68	456 279	113 022	539 600	12	08	10	90	.	660	Zu Spalte 6: Desgl. 4 fm.
5 950 253	12 55	427 046	46 932	662 603	13	93	12	38	3	2	
1 732 392	14 17	110 694	11 527	163 413	15	65	14	17	.	.	
6 231 661	13 24	443 546	27 129	532 613	14	05	12	85	.	.	Zu Spalte 6: 1 fm weniger als in der vorjährigen Nachweisung.
2 864 433	10 80	208 501	56 660	360 985	13	74	12	01	.	15	
4 749 524	13 24	308 163	50 620	436 875	15	41	13	99	42	.	
3 745 021	13 72	235 911	36 989	530 823	15	87	13	62	.	.	
1 778 236	8 53	172 324	36 156	356 730	10	32	8	25	.	.	Zu Spalte 6: 1 fm mehr als in der vorjährigen Nachweisung.
1 624 125	11 19	122 041	23 123	243 596	13	31	11	31	.	14	
7 526 869	11 79	556 678	81 567	1 404 263	13	52	11	.	13	1 111	
3 390 555	10 74	268 152	47 511	574 115	12	64	10	50	70	.	
668 738	10 59	51 438	11 686	96 578	13	.	11	12	.	6	
521 158	10 53	39 924	9 570	79 888	13	05	11	05	.	.	
2 397 795	9 17	216 323	45 040	413 729	11	08	9	17	.	.	
1 364 898	10 29	119 834	12 837	185 445	11	39	9	84	.	.	
8 283 775	7 93	788 537	256 291	1 525 443	10	51	8	57	.	351	
2 213 754	7 87	214 110	67 150	527 287	10	34	7	88	.	.	
1 382 749	8 68	123 363	35 857	265 410	11	21	9	06	.	31	
867 392	10 59	59 451	22 443	111 179	14	59	12	72	.	.	
502 621	9 87	41 836	9 074	101 066	12	01	9	60	.	.	
3 592 562	10 12	309 490	45 530	697 967	11	61	9	35	117	234	
1 587 869	9 94	138 824	20 939	251 729	11	44	9	62	.	.	
146 820 711	10 93	11 546 278	1 891 790	18 160 718	12	72	11	14	1 652	36 405	Zu Spalte 3: 5 fm weniger) als in der vorjährigen " " 6: 226 fm mehr } Nachweisung.

Tafel
Nachweisung der Durchschnittspreise einiger Holzsortimente

Laufende Nummer	Regierungsbezirk	Langnutzhölzer in Stämmen und Abschnitten											
		Eichen						Rotbuchen					
		Klasse III (40—49 cm Mittenburchmesser)			Klasse IV (30—39 cm Mittenburchmesser)			Klasse III (40—49 cm Mittenburchmesser)			Klasse IV (30—39 cm Mittenburchmesser)		
		Es sind versteigert fm	Erlös im ganzen ℳ	Erlös für 1 fm ℳ|₰	Es sind versteigert fm	Erlös im ganzen ℳ	Erlös für 1 fm ℳ|₰	Es sind versteigert fm	Erlös im ganzen ℳ	Erlös für 1 fm ℳ|₰	Es sind versteigert fm	Erlös im ganzen ℳ	Erlös für 1 fm ℳ|₰
1.	2.	3.	4.	5.	6.	7.	8.	9.	10.	11.	12.	13.	14.
1	Königsberg	2 280	80 657	35|38	1 908	47 583	24|94	799	10 427	13|05	1 403	15 834	11|29
2	Gumbinnen	1 395	41 997	30|11	1 372	35 387	25|79	.	.	.	.	.	.
3	Allenstein	2 008	53 970	26|88	1 443	34 215	23|71	98	1 480	15|10	384	5 044	13|14
4	Danzig	1 039	26 923	25|91	3 111	70 785	22|75	658	10 473	15|92	2 671	33 584	12|57
5	Marienwerder	733	28 440	38|80	1 124	28 428	25|29	.	.	.	.	.	.
6	Potsdam	951	36 307	38|18	519	12 187	23|48	1 207	19 426	16|09	1 659	17 342	10|45
7	Frankfurt a. O.	761	32 662	42|92	468	13 461	28|76	575	9 952	17|31	313	3 913	12|50
8	Stettin	1 321	45 052	34|10	1 078	25 245	23|41	1 088	19 886	18|28	698	10 547	15|11
9	Köslin	882	27 953	31|69	705	19 786	28|07	1 110	15 179	13|67	956	12 250	12|81
10	Stralsund	696	24 495	35|19	592	14 143	23|89	619	9 284	15|.	218	2 599	11|92
11	Posen	699	29 144	41|69	843	22 563	26|77	162	2 765	17|07	166	2 322	13|99
12	Bromberg	701	24 445	34|87	1 006	23 078	22|94	.	.	.	.	.	.
13	Breslau	2 587	100 232	38|74	2 236	61 672	27|58	874	15 299	17|50	1 144	17 489	15|29
14	Liegnitz	405	18 866	46|58	1 179	34 533	29|29	.	.	.	.	.	.
15	Oppeln	1 152	59 389	51|55	916	29 337	32|03	90	1 432	15|91	71	959	13|51
16	Magdeburg	1 514	43 274	28|58	1 331	27 175	20|42	770	17 627	22|89	779	15 059	19|33
17	Merseburg	1 656	53 449	32|28	1 122	24 185	21|56	1 775	37 235	20|98	1 535	24 840	16|18
18	Erfurt	537	19 408	36|14	488	11 185	22|92	3 060	64 791	21|17	4 642	80 994	17|45
19	Schleswig	1 089	33 558	30|82	2 048	43 395	21|19	2 383	35 459	14|88	2 063	29 107	14|11
20	Hannover	431	14 156	32|84	631	14 780	23|42	4 164	81 549	19|58	5 961	91 284	15|31
21	Hildesheim	1 110	34 178	30|79	1 795	35 244	19|63	9 204	176 602	19|19	17 953	275 863	15|37
22	Lüneburg	1 063	36 164	34|02	1 253	27 325	21|80	1 000	19 925	19|93	539	8 399	15|58
23	Stade	330	12 342	37|40	586	15 024	25|64	429	6 512	15|18	691	10 227	14|80
24	Osnabrück mit Aurich	96	5 044	52|54	86	2 602	30|26	.	.	.	.	.	.
25	Minden mit Münster	1 317	40 240	30|55	1 845	41 741	22|62	6 246	103 853	16|63	11 038	149 746	13|57
26	Arnsberg	473	16 575	35|04	1 001	25 161	25|14	4 318	60 761	14|07	4 981	59 686	11|98
27	Cassel	2 921	103 790	35|53	3 811	86 251	22|63	7 982	147 401	18|47	12 187	191 015	15|67
28	Wiesbaden	400	14 695	36|74	592	12 411	20|96	2 093	35 934	17|17	2 731	33 708	12|34
29	Coblenz	176	6 714	38|15	212	4 447	20|98	193	2 907	15|06	489	5 709	11|67
30	Düsseldorf	1 142	38 243	33|49	1 356	33 452	24|67	484	8 738	18|05	631	8 944	14|17
31	Cöln	414	12 242	29|57	309	7 902	25|57	657	11 610	17|67	448	6 421	14|33
32	Trier	2 954	101 622	34|40	3 867	88 751	22|95	6 047	96 030	15|88	7 860	101 101	12|86
33	Aachen	1 421	38 293	26|95	2 125	41 303	19|44	2 758	33 687	12|21	3 399	31 699	9|33
	Zusammen	36 654	1 254 519	34|23	42 958	1 014 737	23|62	60 843	1 056 224	17|36	87 610	1 245 685	14|22

9c.
im Etatsjahre und Forstwirtschaftsjahre 1912.

der Klassen A und B

Hainbuchen Klasse IV (30–39 cm Mittendurchmesser)				Eschen Klasse IV (30–39 cm Mittendurchmesser)				Rüstern Klasse IV (30–39 cm Mittendurchmesser)				Ahorn Klasse IV (30–39 cm Mittendurchmesser)				Erlen Klasse IV (30–39 cm Mittendurchmesser)				Regierungs-bezirk
Es sind versteigert fm	Erlös im ganzen ℳ	Erlös für 1 fm ℳ	₰	Es sind versteigert fm	Erlös im ganzen ℳ	Erlös für 1 fm ℳ	₰	Es sind versteigert fm	Erlös im ganzen ℳ	Erlös für 1 fm ℳ	₰	Es sind versteigert fm	Erlös im ganzen ℳ	Erlös für 1 fm ℳ	₰	Es sind versteigert fm	Erlös im ganzen ℳ	Erlös für 1 fm ℳ	₰	
15.	16.	17.		18.	19.	20.		21.	22.	23.		24.	25.	26.		27.	28.	29.		
67	991	14	79	568	15 959	28	10	.	.	.	.	.	.	.	.	388	6 202	15	98	Königsberg.
.	.	.	.	.	.	.	.	.	.	.	.	.	.	.	.	725	7 456	10	28	Gumbinnen.
61	1 220	20	.	.	.	.	.	.	.	.	.	.	.	.	.	653	6 479	9	92	Allenstein.
.	.	.	.	.	.	.	.	.	.	.	.	.	.	.	.	.	.	.	.	Danzig.
.	.	.	.	.	.	.	.	.	.	.	.	.	.	.	.	.	.	.	.	Marienwerder.
.	.	.	.	.	.	.	.	.	.	.	.	.	.	.	.	.	.	.	.	Potsdam.
.	.	.	.	.	.	.	.	.	.	.	.	.	.	.	.	.	.	.	.	Frankfurt a. O.
.	.	.	.	.	.	.	.	.	.	.	.	.	.	.	.	.	.	.	.	Stettin.
.	.	.	.	.	.	.	.	.	.	.	.	.	.	.	.	93	996	10	71	Köslin.
.	.	.	.	.	.	.	.	.	.	.	.	.	.	.	.	.	.	.	.	Stralsund.
.	.	.	.	.	.	.	.	.	.	.	.	.	.	.	.	.	.	.	.	Posen.
.	.	.	.	.	.	.	.	.	.	.	.	.	.	.	.	.	.	.	.	Bromberg.
755	17 830	23	62	.	.	.	.	358	7 176	20	04	.	.	.	.	499	8 641	17	32	Breslau.
.	.	.	.	.	.	.	.	.	.	.	.	.	.	.	.	.	.	.	.	Liegnitz.
.	.	.	.	.	.	.	.	.	.	.	.	.	.	.	.	140	2 400	17	14	Oppeln.
.	.	.	.	.	.	.	.	914	17 263	18	89	.	.	.	.	.	.	.	.	Magdeburg.
281	7 839	27	90	185	9 059	48	97	213	5 497	25	81	.	.	.	.	.	.	.	.	Merseburg.
.	.	.	.	.	.	.	.	.	.	.	.	.	.	.	.	.	.	.	.	Erfurt.
.	.	.	.	59	2 762	46	81	.	.	.	.	.	.	.	.	.	.	.	.	Schleswig.
.	.	.	.	.	.	.	.	.	.	.	.	.	.	.	.	.	.	.	.	Hannover.
56	1 559	27	84	170	7 488	44	05	.	.	.	.	110	3 966	36	05	.	.	.	.	Hildesheim.
.	.	.	.	191	5 655	29	61	.	.	.	.	.	.	.	.	77	1 781	23	13	Lüneburg.
.	.	.	.	.	.	.	.	.	.	.	.	.	.	.	.	.	.	.	.	Stade.
.	.	.	.	.	.	.	.	.	.	.	.	.	.	.	.	.	.	.	.	Osnabrück/Aurich.
.	.	.	.	.	.	.	.	.	.	.	.	.	.	.	.	.	.	.	.	Minden/Münster.
.	.	.	.	.	.	.	.	.	.	.	.	.	.	.	.	.	.	.	.	Arnsberg.
.	.	.	.	.	.	.	.	.	.	.	.	.	.	.	.	.	.	.	.	Cassel.
.	.	.	.	.	.	.	.	.	.	.	.	.	.	.	.	.	.	.	.	Wiesbaden.
.	.	.	.	.	.	.	.	.	.	.	.	.	.	.	.	.	.	.	.	Coblenz.
.	.	.	.	51	1 865	36	57	.	.	.	.	.	.	.	.	.	.	.	.	Düsseldorf.
.	.	.	.	.	.	.	.	.	.	.	.	.	.	.	.	.	.	.	.	Cöln.
.	.	.	.	.	.	.	.	.	.	.	.	.	.	.	.	.	.	.	.	Trier.
.	.	.	.	.	.	.	.	.	.	.	.	.	.	.	.	.	.	.	.	Aachen.
1 220	29 439	24	13	1 224	42 788	34	96	1 485	29 936	20	16	110	3 966	36	05	2 575	33 955	13	19	Zusammen.

B

Zu Tafel

Laufende Nummer	Regierungsbezirk	Langnutzhölzer in Stämmen u. Abschnitten der Klassen A und B			Schneidehölzer und gewöhnliche								
		Birken			Fichten						Kiefern		
		Klasse IV (30—39 cm Mittendurchmesser)			Klasse II (über 1 bis einschl. 2 Festmeter)			Klasse III (über 0,5 bis einschl. 1 Festmeter)			Klasse II (über 1 bis einschl. 2 Festmeter)		
		Es sind versteigert fm	Erlös im ganzen ℳ	für 1 fm ℳ | ₰	Es sind versteigert fm	Erlös im ganzen ℳ	für 1 fm ℳ | ₰	Es sind versteigert fm	Erlös im ganzen ℳ	für 1 fm ℳ | ₰	Es sind versteigert fm	Erlös im ganzen ℳ	für 1 fm ℳ | ₰
		30.	31.	32.	33.	34.	35.	36.	37.	38.	39.	40.	41.
1	Königsberg	1 476	18 163	12 | 31	6 358	98 300	15 | 46	13 330	171 811	12 | 89	18 816	354 114	18 | 82
2	Gumbinnen	383	3 678	9 | 60	16 901	246 250	14 | 57	25 760	324 032	12 | 58	15 176	268 911	17 | 72
3	Allenstein	1 295	13 796	10 | 65	6 357	82 356	12 | 96	7 633	84 309	11 | 05	133 368	2 804 521	21 | 03
4	Danzig	345	2 982	8 | 64	245	3 449	14 | 08	1 068	12 343	11 | 56	47 467	879 456	18 | 53
5	Marienwerder	.	.	.	.	.	.	50	685	13 | 70	105 410	2 158 866	20 | 48
6	Potsdam	377	4 474	11 | 87	.	.	.	.	.	.	128 062	3 022 854	23 | 61
7	Frankfurt a. O.	.	.	.	4 412	111 469	25 | 26	3 851	65 264	16 | 95	26 813	662 885	24 | 72
8	Stettin	.	.	.	67	1 003	14 | 97	.	.	.	44 919	1 039 969	23 | 15
9	Köslin	401	4 209	10 | 50	91	1 516	16 | 66	106	1 374	12 | 96	17 277	357 895	20 | 72
10	Stralsund	.	.	.	.	.	.	.	.	.	3 401	62 619	18 | 41
11	Posen	76	792	10 | 42	.	.	.	73	1 179	16 | 15	20 709	512 264	24 | 74
12	Bromberg	109	1 175	10 | 78	.	.	.	.	.	.	50 452	738 541	14 | 64
13	Breslau	135	1 819	13 | 47	15 148	307 360	20 | 29	34 283	615 274	17 | 95	17 038	411 262	24 | 14
14	Liegnitz	.	.	.	3 001	62 637	20 | 87	2 680	46 078	17 | 19	2 677	66 583	24 | 87
15	Oppeln	265	3 291	12 | 42	18 596	371 941	20 | .	19 844	341 742	17 | 22	28 090	750 363	26 | 71
16	Magdeburg	84	1 210	14 | 40	345	7 908	22 | 92	992	18 355	18 | 50	9 836	239 248	24 | 32
17	Merseburg	.	.	.	3 168	71 227	22 | 48	3 628	73 840	20 | 35	19 713	522 562	26 | 51
18	Erfurt	.	.	.	9 820	250 000	25 | 46	13 412	294 436	21 | 95	64	1 266	19 | 78
19	Schleswig	.	.	.	1 135	16 422	14 | 47	3 884	48 110	12 | 39	120	1 872	15 | 60
20	Hannover	.	.	.	1 363	31 000	22 | 74	3 771	76 139	20 | 19	1 439	30 384	21 | 11
21	Hildesheim	.	.	.	40 686	1 117 749	27 | 47	53 335	1 192 138	22 | 35	52	1 451	27 | 90
22	Lüneburg	.	.	.	2 964	62 877	21 | 21	10 699	173 477	16 | 21	5 979	145 630	24 | 36
23	Stade	.	.	.	240	5 746	23 | 94	1 673	32 392	19 | 36	488	11 318	23 | 19
24	Osnabrück/Aurich	.	.	.	729	16 043	22 | 01	1 112	21 866	19 | 66	147	2 897	19 | 71
25	Minden/Münster	.	.	.	3 580	85 652	23 | 93	7 159	146 246	20 | 43	468	11 171	23 | 87
26	Arnsberg	.	.	.	3 788	84 669	22 | 35	6 642	123 146	18 | 54	96	1 740	18 | 13
27	Cassel	72	734	10 | 19	8 080	181 707	22 | 49	17 751	342 915	19 | 32	4 989	107 368	21 | 52
28	Wiesbaden	.	.	.	3 201	74 497	23 | 27	5 331	100 701	18 | 89	91	2 746	30 | 18
29	Coblenz	.	.	.	480	7 759	16 | 16	3 099	47 411	15 | 30	.	.	.
30	Düsseldorf	.	.	.	.	.	.	.	.	.	1 244	25 387	20 | 41
31	Cöln	.	.	.	309	5 312	17 | 19	715	11 360	15 | 89	.	.	.
32	Trier	.	.	.	1 280	24 109	18 | 84	4 013	62 730	15 | 63	289	6 916	23 | 93
33	Aachen	.	.	.	4 614	93 727	20 | 31	12 417	212 899	17 | 15	507	8 754	17 | 27
	Zusammen	5 018	56 323	11 | 22	156 958	3 422 685	21 | 81	258 311	4 642 252	17 | 97	705 197	15 211 813	21 | 57

9 c.

Rundhölzer			Brennholz						Eichen-Spiegelrinde (Jungrinde)			Regierungsbezirk
Kiefern			Buchen (Eschen, Rüstern, Ahorn, Akazien usw.)			Kiefern						
Klasse III (über 0,5 bis einschl. 1 Festmeter)			Kloben						Es sind verwertet	Erlös (ausschl. Werbungskosten)		
Es sind versteigert	Erlös		Es sind versteigert	Erlös		Es sind versteigert	Erlös			im ganzen	f. 1 Ztr.	
	im ganzen	für 1 fm		im ganzen	für 1 rm		im ganzen	für 1 rm				
fm	ℳ	ℳ ₰	rm	ℳ	ℳ ₰	rm	ℳ	ℳ ₰	Zentner	ℳ	ℳ ₰	
42.	43.	44.	45.	46.	47.	48.	49.	50.	51.	52.	53.	54.
12 620	178 149	14 12	14 633	60 405	4 13	24 605	93 827	3 81	.	.	. .	Königsberg.
17 670	245 365	13 89	2 802	10 398	3 71	38 923	139 270	3 58	.	.	. .	Gumbinnen.
95 492	1 376 237	14 41	5 437	22 554	4 15	95 560	342 516	3 58	.	.	. .	Allenstein.
34 191	525 927	15 38	21 191	99 172	4 68	41 479	194 376	4 69	.	.	. .	Danzig.
101 055	1 684 039	16 66	8 594	46 560	5 42	120 078	517 342	4 31	.	.	. .	Marienwerder.
112 348	1 975 359	17 58	26 854	130 799	4 87	197 674	1 004 234	5 08	.	.	. .	Potsdam.
31 683	588 010	18 56	8 695	43 574	5 01	66 292	302 955	4 57	.	.	. .	Frankfurt a. O.
31 317	587 871	18 77	33 574	180 039	5 36	52 588	228 289	4 34	.	.	. .	Stettin.
13 126	224 207	17 08	34 866	195 655	5 61	29 909	111 518	3 73	209	272	1 30	Köslin.
4 578	71 875	15 70	9 891	52 539	5 31	5 108	18 788	3 68	.	.	. .	Stralsund.
28 082	518 642	18 47	3 281	16 659	5 08	31 327	153 008	4 88	.	.	. .	Posen.
45 131	627 596	13 91	552	2 768	5 01	77 348	387 192	5 01	.	.	. .	Bromberg.
30 780	570 072	18 52	13 826	53 895	3 90	45 059	196 662	4 36	.	.	. .	Breslau.
4 468	82 981	18 57	897	4 250	4 74	5 165	26 887	5 21	.	.	. .	Liegnitz.
48 191	973 501	20 20	960	4 241	4 42	29 516	134 290	4 55	.	.	. .	Oppeln.
13 191	243 886	18 49	10 149	53 139	5 24	10 740	50 215	4 68	.	.	. .	Magdeburg.
30 899	662 601	21 44	13 157	63 681	4 84	59 781	332 068	5 55	.	.	. .	Merseburg.
553	10 636	19 23	35 736	244 104	6 83	112	753	6 72	.	.	. .	Erfurt.
1 721	24 070	13 99	44 022	284 154	6 45	1 949	7 866	4 04	.	.	. .	Schleswig.
4 050	77 468	19 13	13 759	85 651	6 23	732	3 513	4 80	.	.	. .	Hannover.
89	1 523	17 11	80 335	383 187	4 77	294	990	3 37	.	.	. .	Hildesheim.
11 164	197 804	17 72	13 318	97 564	7 33	2 762	13 189	4 78	.	.	. .	Lüneburg.
3 331	58 670	17 61	3 524	25 508	7 24	1 233	4 232	3 43	.	.	. .	Stade.
1 183	18 995	16 06	1 659	9 752	5 88	446	1 494	3 35	.	.	. .	Osnabrück mit Aurich.
1 715	28 232	16 46	58 659	242 064	4 13	369	1 457	3 95	.	.	. .	Minden mit Münster.
320	4 595	14 36	25 345	100 451	3 96	.	.	. .	.	.	. .	Arnsberg.
22 962	358 745	15 62	158 882	851 146	5 36	5 915	24 750	4 18	3 900	9 093	2 33	Cassel.
865	13 620	15 75	77 900	475 314	6 10	794	3 660	4 61	680	1 360	2 .	Wiesbaden.
234	2 791	11 93	28 391	177 582	6 25	319	1 481	4 64	148	59	. 40	Coblenz.
5 527	89 951	16 27	4 238	23 444	5 53	1 832	10 569	5 77	.	.	. .	Düsseldorf.
.	.	. .	4 010	16 246	4 05	.	.	. .	.	.	. .	Cöln.
2 040	33 746	16 54	77 586	454 772	5 86	634	2 670	4 21	24	6	. 25	Trier.
2 752	37 898	13 77	12 616	33 861	2 68	.	.	. .	95	304	3 20	Aachen.
713 328	12 095 062	16 96	849 339	4 545 128	5 35	948 543	4 310 061	4 54	5 056	11 094	2 19	Zusammen.

Tafel 11b.
Zusammenstellung der im ganzen Staate ausgegebenen Jagdscheine im Etatsjahre 1912.

Lfd. Nr.	Provinz	Jahres-	Tages-	Ausländer- Jahres-	Ausländer- Tages-	Doppel-Ausfertigungen	unentgeltliche	Zusammen Jahres- und unentgeltliche	Zusammen Tages-	Lfd. Nr.
		Jagdscheine						Jagdscheine		
1.	2.	3.	4.	5.	6.	7.	8.	9.	10.	11.
1	Ostpreußen	10 049	1 325	.	.	81	1 345	11 394	1 325	1
2	Westpreußen	6 815	878	.	1	62	1 121	7 936	879	2
3	Brandenburg	18 233	2 392	4	9	154	2 161	20 398	2 401	3
4	Pommern	8 857	1 269	5	2	71	1 063	9 925	1 271	4
5	Posen	8 510	1 227	4	36	93	723	9 237	1 263	5
6	Schlesien	15 249	1 994	30	123	125	1 803	17 082	2 117	6
7	Sachsen	17 159	4 349	7	12	97	1 074	18 240	4 361	7
8	Schleswig-Holstein	11 893	1 148	6	17	103	332	12 231	1 165	8
9	Hannover	18 434	3 021	40	24	115	1 150	19 624	3 045	9
10	Westfalen	13 427	2 042	4	15	95	736	14 167	2 057	10
11	Hessen-Nassau	6 606	908	1	13	40	1 806	8 413	921	11
12	Rheinprovinz	19 039	2 859	136	227	145	1 450	20 625	3 086	12
13	Hohenzollern	406	25	.	5	1	66	472	30	13
	im ganzen	154 677	23 437	237	484	1 182	14 830	169 744	23 921	

Tafel 18b.
Zusammenstellung der in den Staatsforsten beim Forst- und Jagdschutze vorgekommenen Tötungen und Verwundungen in den Jahren 1909—1913.

Jahr	Forstbeamte wurden durch Wilddiebe und Forstfrevler				Bei der Ausübung des Forstschutzes in den königlichen Forsten wurden außerdem Personen, die nicht dem zum Waffengebrauche berechtigten Forstschutzpersonale angehörten,				Vom Forstschutzpersonale wurden durch Wilddiebe und Forstfrevler im ganzen				Wilddiebe und Forstfrevler wurden durch Forstbeamte bei gerechtfertigtem Waffengebrauch			
	getötet	schwer verwundet	leicht verwundet	Summe der Fälle	getötet	schwer verwundet	leicht verwundet	Summe der Fälle	getötet	schwer verwundet	leicht verwundet	Summe der Fälle	getötet	schwer verwundet	leicht verwundet	Summe der Fälle
1.	2.	3.	4.	5.	6.	7.	8.	9.	10.	11.	12.	13.	14.	15.	16.	17.
1909	.	.	1	1	.	.	.	.	.	.	1	1	3	3	1	7
1910	1	2	.	3	.	.	.	.	1	2	.	3	2	1	2	5
1911	.	.	.	.	.	.	.	.	.	.	.	.	1	.	.	1
1912	2	.	1	3	.	.	.	.	2	.	1	3	1	1	3	5
1913[1)]	.	.	.	.	.	.	.	.	.	.	.	.	4	1	2	7

Jahr	Wilddiebe und Forstfrevler wurden durch Forstbeamte bei ungerechtfertigtem Waffengebrauch				Wilddiebe und Forstfrevler wurden durch Personen, die mit Ausübung des Forstschutzes in den königlichen Forsten betraut waren, aber nicht dem zum Waffengebrauch berechtigten Forstschutzpersonale angehörten, in der Notwehr				ungerechtfertigt				Wilddiebe und Forstfrevler wurden im ganzen			
	getötet	schwer verwundet	leicht verwundet	Summe der Fälle	getötet	schwer verwundet	leicht verwundet	Summe der Fälle	getötet	schwer verwundet	leicht verwundet	Summe der Fälle	getötet	schwer verwundet	leicht verwundet	Summe der Fälle
	18.	19.	20.	21.	22.	23.	24.	25.	26.	27.	28.	29.	30.	31.	32.	33.
1909	.	.	.	.	.	.	.	.	.	.	.	.	3	3	1	7
1910	.	.	.	.	.	.	.	.	.	.	.	.	2	1	2	5
1911	.	.	.	.	.	.	.	.	.	.	.	.	1	.	.	1
1912	.	.	.	.	.	.	.	.	.	.	.	.	1	1	3	5
1913[1)]	.	.	.	.	.	.	.	.	.	.	.	.	4	1	2	7

[1)] Bis 30. September.

Tafel 19b.

Nachweisung der Forst-, Jagd- und Fischereifrevel in den Staatsforsten im Kalenderjahre 1912.

Laufende Nummer	Regierungsbezirk	\multicolumn{12}{c}{Zahl der zur Anzeige gebrachten}	\multicolumn{12}{c}{Zahl der zur Verurteilung gelangten}	Zahl der Bestrafungen wegen Waldbrandstiftung	Bemerkungen
		\multicolumn{2}{c}{Diebstähle an aufgearbeitetem Holze}	\multicolumn{2}{c}{Vergehen gegen das Forstdiebstahlgesetz}	\multicolumn{2}{c}{Forstpolizeiübertretungen}	\multicolumn{2}{c}{Jagdvergehen und -übertretungen}	\multicolumn{2}{c}{Fischereivergehen}	\multicolumn{2}{c}{Fälle der Widersetzlichkeit gegen Forstbeamte}	\multicolumn{2}{c}{Diebstähle an aufgearbeitetem Holze}	\multicolumn{2}{c}{Vergehen gegen das Forstdiebstahlgesetz}	\multicolumn{2}{c}{Forstpolizeiübertretungen}	\multicolumn{2}{c}{Jagdvergehen und -übertretungen}	\multicolumn{2}{c}{Fischereivergehen}	\multicolumn{2}{c}{Fälle der Widersetzlichkeit gegen Forstbeamte}		
		im ganzen	für 100 ha der Gesamtfläche	im ganzen	für 100 ha	im ganzen	für 100 ha	im ganzen	für 100 ha	im ganzen	für 100 ha	im ganzen	für 100 ha	im ganzen	für 100 ha	im ganzen	für 100 ha	im ganzen	für 100 ha	im ganzen	für 100 ha	im ganzen	für 100 ha	im ganzen	für 100 ha		
1.	2.	3.	4.	5.	6.	7.	8.	9.	10.	11.	12.	13.	14.	15.	16.	17.	18.	19.	20.	21.	22.	23.	24.	25.	26.	27.	28.
1	Königsberg	49	0,04	250	0,18	259	0,19	8	0,01	19	0,01	4	.	43	0,03	235	0,17	249	0,18	8	0,01	18	0,01	4	.	.	
2	Gumbinnen	62	0,04	243	0,15	167	0,10	10	0,01	45	0,03	3	.	54	0,03	229	0,14	157	0,10	10	.	43	0,03	2	.	.	
3	Allenstein	72	0,03	518	0,22	670	0,29	23	0,01	118	0,05	7	.	69	0,03	497	0,21	644	0,27	15	0,01	104	0,03	7	.	.	
4	Danzig	99	0,07	2 026	1,43	422	0,30	11	0,01	43	0,03	7	.	93	0,07	1 961	1,39	399	0,28	9	0,01	43	0,03	7	.	4	
5	Marienwerder	121	0,04	1 281	0,44	787	0,27	43	0,01	54	0,02	4	.	105	0,04	1 248	0,43	762	0,26	36	0,01	48	0,02	4	.	.	
6	Potsdam	25	0,01	2 113	0,94	3 074	1,37	31	0,01	133	0,06	7	.	19	0,01	1 238	0,55	2 998	1,34	27	0,01	128	0,06	6	.	.	
7	Frankfurt a. O.	9	.	384	0,18	508	0,24	9	.	32	0,02	.	.	8	.	369	0,18	483	0,23	5	.	32	0,02	.	.	1	
8	Stettin	14	0,01	1 166	0,97	810	0,67	14	0,01	2	.	6	.	14	0,01	1 103	0,92	789	0,66	11	0,01	2	.	5	.	.	
9	Köslin	14	0,01	124	0,14	105	0,12	5	0,01	30	0,03	1	.	8	0,01	104	0,12	102	0,11	5	0,01	27	0,03	.	.	.	
10	Stralsund	.	.	56	0,19	182	0,63	.	.	1	.	2	0,01	.	.	52	0,18	175	0,61	.	.	1	.	.	.	.	
11	Posen	28	0,03	791	0,73	247	0,23	5	.	.	.	3	.	25	0,02	768	0,71	227	0,21	4	.	.	.	2	.	.	
12	Bromberg	87	0,06	1 248	0,90	541	0,39	6	.	3	.	3	.	72	0,05	1 193	0,86	498	0,36	5	.	3	.	2	.	.	
13	Breslau	19	0,03	299	0,47	168	0,26	8	0,01	4	0,01	3	.	19	0,03	289	0,45	168	0,26	5	0,01	4	0,01	.	.	2	
14	Liegnitz	2	.	55	0,22	21	0,08	2	.	7	0,03	1	.	1	.	53	0,21	21	0,08	2	.	7	0,03	.	.	.	
15	Oppeln	42	0,05	1 035	1,28	266	0,33	13	0,02	2	.	7	0,01	34	0,04	1 075	1,33	263	0,32	12	0,01	2	.	7	0,01	2	
16	Magdeburg	5	0,01	458	0,66	247	0,36	6	0,01	7	0,01	1	.	3	.	440	0,63	244	0,35	4	0,01	7	0,01	1	0,01	.	
17	Merseburg	16	0,02	508	0,64	380	0,48	14	0,02	.	.	3	.	12	0,02	505	0,64	372	0,47	11	0,01	2	.	2	0,01	.	
18	Erfurt	10	0,03	171	0,44	231	0,59	9	0,02	2	0,01	3	0,01	6	0,01	178	0,46	224	0,57	8	0,02	2	.	3	0,01	4	
19	Schleswig	2	.	24	0,05	47	0,11	5	0,01	1	.	1	.	2	.	17	0,04	46	0,10	3	.	.	.	.	.	.	
20	Hannover	9	0,03	215	0,71	104	0,35	5	0,02	1	.	.	.	8	0,03	209	0,69	94	0,31	3	0,01	.	.	1	.	.	
21	Hildesheim	10	0,01	311	0,30	212	0,20	9	0,01	.	.	3	.	8	0,01	300	0,29	195	0,19	3	.	.	.	1	.	1	
22	Lüneburg	4	.	48	0,06	171	0,21	12	0,01	4	0,01	.	.	4	.	46	0,06	170	0,21	9	0,01	2	.	.	.	.	
23	Stade	.	.	16	0,08	8	0,04	9	0,04	7	0,03	8	0,04	.	.	16	0,08	8	0,04	5	0,03	.	.	.	.	.	
24	Osnabrück/Aurich	.	.	7	0,04	13	0,08	6	0,04	2	.	1	.	.	.	7	.	13	0,08	5	0,03	.	.	.	.	.	
25	Minden/Münster	5	0,01	114	0,31	148	0,41	7	0,02	.	.	1	.	2	.	119	0,33	142	0,39	7	0,02	.	.	1	.	.	
26	Arnsberg	2	0,01	54	0,21	45	0,18	6	0,02	2	0,01	2	0,01	1	.	53	0,21	45	0,18	7	0,03	2	0,01	7	0,01	1	
27	Cassel	21	0,01	818	0,39	637	0,31	31	0,01	13	0,01	8	.	11	.	771	0,37	623	0,30	24	0,01	12	0,01	1	.	3	
28	Wiesbaden	8	0,01	154	0,29	415	0,77	7	0,01	22	0,04	.	.	7	.	144	0,27	363	0,68	4	0,01	18	0,03	1	.	.	
29	Coblenz	4	0,01	62	0,20	64	0,21	6	0,02	2	0,01	1	.	4	0,01	60	0,19	59	0,19	5	0,02	2	0,01	1	0,01	.	
30	Düsseldorf	2	0,04	51	0,27	13	0,07	8	0,04	48	0,26	2	0,01	6	0,03	47	0,25	10	0,05	5	0,02	28	0,15	4	0,03	.	
31	Cöln	5	0,03	120	0,81	26	0,18	24	0,16	.	.	6	0,04	3	0,02	118	0,80	27	0,18	17	0,11	.	.	13	0,02	3	
32	Trier	81	0,12	2 831	4,23	1 144	1,71	19	0,03	.	.	15	0,02	71	0,11	2 738	4,09	1 098	1,64	4	0,01	1	.	1	.	.	
33	Aachen	1	.	65	0,18	53	0,15	4	0,01	1	.	1	.	.	.	60	0,17	53	0,15	.	.	.	.	.	.	1	
	Zusammen	833	0,03	17 616	0,58	12 185	0,40	373	0,01	592	0,02	99	.	712	0,02	16 242	0,54	11 721	0,39	296	0,01	536	0,02	85	.	19	

Tafel 27a. Summarische, nach alten und neuen Provinzen getrennte Übersicht über den Fortgang der Berechtigungs- usw. Ablösungen in der Staatsforstverwaltung in den Etatsjahren 1908—1912.

Nr.	Jahr	1. In den **alten** Provinzen					2. In den **neuen** Provinzen					
		Anzahl der		Als Abfindung sind gegeben			Anzahl der		Als Abfindung sind gegeben			
		bearbeiteten	abgeschlossenen	Forstland		Kapital	Renten	bearbeiteten	abgeschlossenen	Forstland		Kapital	Renten
		Sachen		ha	dec	ℳ	ℳ	Sachen		ha	dec	ℳ	ℳ
1.	2.	3.	4.	5.		6.	7.	8.	9.	10.		11.	12.
1	1908	63	19	.	.	263 245	762 920	23	9	10	3800	83 139	1811
2	1909	64	17	.	.	129 162	767 057	18	5	18	5820	145 679	1645
3	1910	59	17	.	.	259 451	704 684	12	2	11	3190	66 350	1731
4	1911	65	27	.	.	2 748 561	757 644	13	7	21	9038	3 259	1732
5	1912	53	24	.	.	3 022 505	592 358	14	4	15	1145	63 458	2168

Tafel 27b. Übersicht über den Fortgang der Forstberechtigungs- usw. Ablösungen in den einzelnen Regierungsbezirken im Etatsjahre 1912.

Lfd. Nr.	Regierungsbezirk	Bearbeitete	Abgeschlossene	Als Abfindung sind gegeben				Lfd. Nr.	Regierungsbezirk	Bearbeitete	Abgeschlossene	Als Abfindung sind gegeben			
				Forstland		Kapital	Renten					Forstland		Kapital	Renten
		Sachen		ha	dec	ℳ	ℳ			Sachen		ha	dec	ℳ	ℳ
1.	2.	3.	4.	5.		6.	7.	1.	2.	3.	4.	5.		6.	7.
1	Königsberg	2	2	.	.	738 959	150 327		Übertrag	49	23	.	.	2 988 678	563 032
2	Gumbinnen	5	1	.	.	1 022 018	222 559	18	Erfurt	1	1	.	.	26 930	.
3	Allenstein	6	2	.	.	882 627	187 895	19	Schleswig	6	.	.	.	.	731
4	Danzig	2	.	.	.	3 900	.								
5	Marienwerder	9	2	.	.	13 698	.	20	Hannover	.	.	.	.	500	.
								21	Hildesheim	3	.	.	.	.	.
6	Potsdam	6	4	.	.	250 000	430	22	Lüneburg	1	1	5	6565	2 269	1 433
7	Frankfurt a. O.	3	3	.	.	9 464	.	23	Stade	.	.	.	.	.	.
8	Stettin	4	.	.	.	.	1 610	24	Osnabrück mit Aurich	.	.	.	.	.	.
9	Köslin	1	1	.	.	7 197	.								
10	Stralsund	.	.	.	.	24 043	.	25	Minden mit Münster	3	.	.	.	816	.
								26	Arnsberg	.	.	.	.	6 081	.
11	Posen	1	1	.	.	1 115	.	27	Cassel	2	1	9	4580	10 689	4
12	Bromberg	3	1	.	.	22 638	174	28	Wiesbaden	2	2	.	.	50 000	.
13	Breslau	4	4	.	.	2 312	4								
14	Liegnitz	.	.	.	.	7 880	.	29	Coblenz	.	.	.	.	.	.
15	Oppeln	3	2	.	.	97	.	30	Düsseldorf	.	.	.	.	.	.
								31	Cöln	.	.	.	.	.	.
16	Magdeburg	.	.	.	.	2 730	.	32	Trier	.	.	.	.	.	29 326
17	Merseburg	.	.	.	.	.	33	33	Aachen	.	.	.	.	.	.
	Zu übertragen	49	23	.	.	2 988 678	563 032		Zusammen	67	28	15	1145	3 085 963	594 526

Tafel 27c.

Zusammenstellung der Amortisationsrenten, die auf Grund des Gesetzes vom 27. April 1872 (Gesetzsamml. S. 417) und der demselben nachgebildeten Gesetze für abgelöste Leistungen der Forstverwaltung an Kirchen, Pfarren, Küstereien, sonstige geistliche Institute, fromme und milde Stiftungen, Wohltätigkeits=Anstalten usw. in den Etatsjahren 1909 bis 1912 an die Provinzial=Rentenbanken gezahlt worden sind.

Nr.	Regierungsbezirk	1909 ℳ	₰	1910 ℳ	₰	1911 ℳ	₰	1912 ℳ	₰
1.	2.	3.		4.		5.		6.	
1	Königsberg								
2	Gumbinnen								
3	Allenstein	69 718	61	69 634	80	69 634	40	69 634	40
4	Danzig								
5	Marienwerder								
6	Potsdam	51 079	.	51 079	.	51 079	.	51 079	.
7	Frankfurt a. O.								
8	Stettin								
9	Köslin	69 363	99	69 363	99	69 363	99	69 363	99
10	Stralsund								
11	Posen	.		.		.		.	
12	Bromberg	.		.		.		.	
13	Breslau								
14	Liegnitz	12 168	86	12 168	26	12 168	86	12 168	86
15	Oppeln								
16	Magdeburg	.		.		.		.	
17	Merseburg	.		.		.		.	
18	Erfurt	.		.		.		.	
19	Schleswig	9 374	08	9 174	20	9 174	20	9 174	20
20	Hannover								
21	Hildesheim								
22	Lüneburg	68 367	40	68 318	.	68 318	.	68 318	.
23	Stade								
24	Osnabrück mit Aurich								
25	Minden mit Münster	.		.		.		.	
26	Arnsberg	.		.		.		.	
27	Cassel	.		.		.		.	
28	Wiesbaden	.		.		.		.	
29	Coblenz	.		.		.		.	
30	Düsseldorf	.		.		.		.	
31	Cöln	.		.		.		.	
32	Trier	.		.		.		.	
33	Aachen	.		.		.		.	
	Zusammen	280 071	94	279 738	25	279 738	45	279 738	45

Tafel 33a.

Nachweisung des jährlichen Bedarfs an Kiefernsamen in den Staatsforsten und der auf den Königlichen Darren gewonnenen Samenmengen in den Forstwirtschaftsjahren 1908 bis 1912.

Bedarfsmenge			Selbstgewonnener Samen		Selbstkostenpreis für das kg einschl. des Betrages für Verzinsung und Tilgung des Baukapitals	
zu den Kulturen für	kg	dec.	kg	dec.	ℳ	₰
1.	2.		3.		4.	
1908	36 715	.	13 276	29	7	64
1909	31 658	52	50 989	19	7	13
1910	42 604	46	60 957	80	6	95
1911	40 337	.	34 507	.	7	51
1912	43 460	.	43 691	50	7	61

Tafel 34a. Nachweisung über den Wildabschuß
(Die schrägen Zahlen geben

Laufende Nummer	Regierungsbezirk	Durch Verwaltungsbeschuß sind erlegt:																					
		Elchwild			Rotwild			Damwild			Rehe				Sauen	Auerwild	Birkwild	Fasanen	Haselwild	Wildschwäne	Hasen	Rebhühner	Moorhühner	Enten	Schnepfen	Gr. Brachvogel
		Hirsche	Mutterwild	Kälber	Elchbecken eingegangener Stücke	Hirsche	Mutterwild	Kälber	Hirsche	Mutterwild	Kälber	Böcke	Ricken	Kälber												
1.	2.	3.	4.	5.	6.	7.	8.	9.	10.	11.	12.	13.	14.	15.	16.	17.	18.	19.	20.	21.	22.	23.	24.	24a.	24b.	24c.
1	Königsberg	17 / 6	17 / 7	. / 12	6	14 / 2	21 / 3	13	26 / 2	84 / 1	44	495 / 61	355 / 183	3 / 32	27	.	4 / 3	21	32	.	3275 / 18	219	.	.	.	.
2	Gumbinnen	21 / 3	14 / 5	1 / 1	4	69 / 20	143 / 3	124 / 13	18	14	12	594 / 30	645 / 62	132 / 22	56 / 1	1	.	21	44	36	.	5603 / 4	373	.	.	.	.
3	Allenstein	.	.	.	.	44 / 5	73 / 3	40 / 1	3 / 1	5 / 1	.	594 / 42	580 / 54	239 / 31	41 / 4	.	.	22	20	14	3	5556 / 8	334	.	.	.	.
4	Danzig	.	.	.	.	2	.	.	2	3	3	283 / 25	196 / 34	. / 4	37 / 2	20 / 1	2	53	27	.	2853 / 1	.	.	.	.	.	.
5	Marienwerder	.	.	.	.	91 / 12	215 / 13	43 / 2	48 / 8	55 / 1	32 / 2	644 / 67	485 / 153	55 / 10	53	19	11	190	.	1	10176 / 6	362	.	.	.	.
6	Potsdam	.	.	.	.	279 / 40	419 / 32	182 / 25	566 / 29	902 / 20	762 / 11	432 / 24	722 / 83	93 / 16	212 / 5	.	18	210	.	.	4275 / 6	523	.	7	.	.
7	Frankfurt a. O.	.	.	.	.	192 / 18	378 / 20	150 / 4	1	.	.	522 / 34	653 / 53	222 / 2	280 / 6	4	4	63 / 3	.	.	3164 / 3	162	.	.	.	.
8	Stettin	.	.	.	.	152 / 13	314 / 17	83 / 7	11	12	8	317 / 29	334 / 97	4 / 9	92 / 1	.	.	81 / 2	.	.	2606 / 15	303	.	.	.	.
9	Köslin	.	.	.	.	47 / 7	163 / 5	14	1	.	.	181 / 17	203 / 36	. / 1	178 / 1	8 / 1	.	28	.	.	2524 / 6	96	.	.	.	.
10	Stralsund	.	.	.	.	72 / 9	113 / 6	108 / 10	23	32	23	124 / 8	127 / 38	75 / 43	154 / 5	.	.	29	.	.	761 / 1	82	.	.	.	.
11	Posen	.	.	.	.	65 / 8	96 / 6	45 / 3	2	9	2	264 / 18	265 / 30	3 / 8	51	.	15	331	.	.	6593 / 7	526	.	.	1	.
12	Bromberg	.	.	.	.	25 / 2	43 / 1	20 / 1	11 / 1	14	6	308 / 22	304 / 35	31 / 1	64 / 4	.	2	103	.	.	8464 / 3	465	.	.	.	.
13	Breslau	.	.	.	.	82 / 3	118 / 8	60 / 4	14	3	4	290 / 27	239 / 49	16 / 24	31	2	15	487	.	.	3705	96	.	.	.	.
14	Liegnitz	.	.	.	.	7	3	3	11	14	3	74 / 5	81 / 3	.	15	5	6	92	.	.	420	6	.	.	.	.
15	Oppeln	.	.	.	.	78 / 12	184 / 5	65 / 4	3	3	.	313 / 16	257 / 38	17 / 5	25	.	44	533	3	.	6134 / 1	160	.	.	6	.
16	Magdeburg	.	.	.	.	60 / 2	54 / 4	31 / 1	343 / 11	167 / 2	59 / 4	287 / 10	251 / 16	75 / 21	471 / 4	.	.	308	.	.	1985 / 1	365	.	.	.	.
17	Merseburg	.	.	.	.	98 / 5	176 / 4	77 / 4	2	6	2	282 / 17	450 / 25	87 / 15	27	9	1	439	2	.	5575 / 1	539	.	.	.	.
18	Erfurt	.	.	.	.	40 / 2	43	17	.	.	.	136 / 6	135 / 7	23 / 1	5 / 1	.	.	10	.	.	1065	11	.	.	.	.
19	Schleswig	.	.	.	.	31 / 4	34 / 2	14	26 / 2	27 / 1	12	223 / 8	321 / 21	2 / 7	1	.	16	158	.	.	2412 / 2	145	.	.	.	1
20	Hannover	.	.	.	.	12 / 1	14	6	25 / 3	7 / 8	4 / 2	158	127	2	393 / 12	.	.	49	.	.	847	4	.	.	.	.
21	Hildesheim	.	.	.	.	334 / 22	328 / 13	269 / 20	.	.	.	398 / 14	234 / 37	12 / 11	82 / 1	4	.	33	.	.	861 / 4	19	.	.	.	.
22	Lüneburg	.	.	.	.	44 / 10	72 / 12	7	.	.	.	279 / 26	204 / 64	. / 9	39	.	6	127	.	.	2110	218	.	.	.	.
23	Stade	.	.	.	.	.	.	.	.	.	.	107 / 2	100 / 7	2 / 2	1	.	7	9	.	.	871 / 11	22	.	.	.	.
24	Osnabrück mit Aurich	.	.	.	.	.	.	.	.	.	.	42	7	.	4	.	.	7	19	.	556	54	.	.	.	.
25	Minden mit Münster	.	.	.	.	20 / 4	28 / 1	17	.	.	.	181 / 7	98 / 19	8 / 9	17	.	1	93	.	.	1971	80	.	.	.	.
26	Arnsberg	.	.	.	.	10	24	5	.	.	.	93 / 1	60 / 1	1	11	4	5	34	3	.	228	.	.	.	.	.
27	Cassel	.	.	.	.	151	130	50	.	.	.	1111 / 2	738 / 1	5	233 / 7	65	2	32	22	.	2108	78	.	.	.	.
28	Wiesbaden	.	.	.	.	32 / 2	50 / 3	15 / 1	4	8 / 1	5	302 / 6	235 / 18	. / 5	18	4	.	27	15	.	931	25	.	.	.	.
29	Coblenz	.	.	.	.	28 / 1	44 / 4	32 / 2	.	.	.	138 / 5	60 / 8	5	51	.	1	21	31	.	743	28	.	.	.	.
30	Düsseldorf	.	.	.	.	22 / 1	34 / 2	6 / 1	.	.	.	81 / 2	26 / 4	4 / 1	.	.	3	162	.	.	1138	52	.	.	.	.
31	Cöln	.	.	.	.	5	6	3 / 1	6 / 3	14	3	41 / 3	15 / 9	. / 2	.	.	1	53	7	.	172	.	.	.	.	.
32	Trier	.	.	.	.	56 / 6	76	47 / 1	.	.	.	263 / 13	82 / 17	. / 3	89	.	1	69	22	.	2295 / 3	53	.	.	.	.
33	Aachen	.	.	.	.	14 / 1	48 / 8	15	.	.	.	105 / 7	43 / 13	1	46	.	4	61	9	.	731	47	.	.	.	.
	Zusammen	38 / 9	31 / 12	1 / 13	10	2176 / 212	3444 / 174	1561 / 105	1146 / 56	1379 / 26	984 / 19	9662 / 556	8632 / 1223	1112 / 309	2799 / 58	150 / 3	219 / 3	3989 / 5	223 / .	4	92708 / 102	5455	.	7	7	1

*) Bisher wurde nur das verwertbare Fallwild nachgewiesen. Dieses ist jetzt in den aufrecht stehenden Zahlen mitenthalten. Die schrägen Zahlen geben

und die Erträge aus der Jagd im Etatsjahre 1912.
(das unverwertbare*) Fallwild an.)

		Einnahmen.				Ausgaben.							
Für das durch Verwaltungsbeschuß erlegte Wild sind zur Forstkasse gezahlt		Durch Verpachtung sind aufgekommen		Zusammen		Für angepachtete Jagden sind verausgabt		Sonstige Jagdverwaltungskosten, soweit sie nicht vom Oberförster zu bestreiten sind		Zusammen		Reinertrag	Regierungsbezirk
ℳ	₰	ℳ	₰	ℳ	₰	ℳ	₰	ℳ	₰	ℳ	₰	ℳ ₰	
25.		26.		27.		28.		29.		30.		31.	
16 533	32	6 006	78	22 540	10	681	.	5 371	25	6 052	25	16 487 85	Königsberg.
27 193	47	419	59	27 613	06	5 646	50	12 849	45	18 495	95	9 117 11	Gumbinnen.
23 222	43	2 034	16	25 256	59	653	80	2 929	22	3 583	02	21 673 57	Allenstein.
8 489	95	3 959	04	12 448	99	266	46	540	10	806	56	11 642 43	Danzig.
34 525	89	3 825	95	38 351	84	3 168	31	2 878	86	6 047	17	32 304 67	Marienwerder.
69 390	91	10 743	86	80 134	77	4 075	78	3 479	66	7 555	44	72 579 33	Potsdam.
35 176	79	2 767	69	37 944	48	2 262	38	5 108	59	7 370	97	30 573 51	Frankfurt a. O.
24 432	16	4 790	15	29 222	31	517	74	312	88	830	62	28 391 69	Stettin.
12 486	62	968	90	13 455	52	305	43	.	.	305	43	13 150 09	Köslin.
12 578	35	555	02	13 133	37	25	.	335	15	360	15	12 773 22	Stralsund.
19 278	76	3 411	36	22 690	12	1 218	86	3 564	65	4 783	51	17 906 61	Posen.
17 596	15	1 819	81	19 415	96	354	50	210	60	565	10	18 850 86	Bromberg.
18 346	55	6 551	48	24 898	03	1 313	24	1 266	56	2 579	80	22 318 23	Breslau.
2 599	.	1 598	23	4 197	23	133	39	36	33	169	72	4 027 51	Liegnitz.
23 076	26	2 738	44	25 814	70	537	66	1 014	18	1 551	84	24 262 86	Oppeln.
29 592	75	9 233	32	38 826	07	1 871	82	2 247	57	4 119	39	34 706 68	Magdeburg.
25 328	03	6 423	84	31 751	87	1 387	65	1 152	69	2 540	34	29 211 53	Merseburg.
6 982	30	1 948	78	8 931	08	1 675	51	1 918	65	3 594	16	5 336 92	Erfurt.
11 757	89	9 713	62	21 471	51	.	.	54	.	54	.	21 417 51	Schleswig.
11 976	.	1 868	59	13 844	59	16	65	144	39	161	04	13 683 55	Hannover.
32 790	94	1 482	23	34 273	17	486	62	16 369	96	16 856	58	17 416 59	Hildesheim.
11 069	99	6 369	37	17 439	36	444	99	525	82	970	81	16 468 55	Lüneburg.
3 083	40	1 976	08	5 059	48	.	.	.	.	.	.	5 059 48	Stade.
1 243	40	600	18	1 843	58	.	.	.	.	.	.	1 843 58	Osnabrück mit Aurich.
7 351	84	3 548	98	10 900	82	3 326	82	1 437	52	4 764	34	6 136 48	Minden mit Münster.
3 094	10	9 315	99	12 410	09	199	15	222	57	421	72	11 988 37	Arnsberg.
33 219	14	14 414	34	47 633	48	3 503	80	6 462	07	9 965	87	37 667 61	Cassel
9 713	45	12 505	71	22 219	16	1 900	47	579	06	2 479	53	19 739 63	Wiesbaden.
6 025	20	8 134	37	14 159	57	255	30	76	93	332	23	13 827 34	Coblenz.
4 204	80	10 277	21	14 482	01	481	72	.	.	481	72	14 000 29	Düsseldorf.
1 565	80	19 261	83	20 827	63	205	96	8	.	213	96	20 613 67	Cöln.
11 770	68	5 996	03	17 766	71	340	83	11 689	29	12 030	12	5 736 59	Trier.
4 781	88	8 284	64	13 066	52	1 120	72	1 185	63	2 306	35	10 760 17	Aachen.
560 478	20	183 545	57	744 023	77	38 378	06	83 971	63	122 349	69	621 674 08	Zusammen

*) gegen das unverwertbare Fallwild an und sind infolgedessen gegen die vorhergegangenen Jahre bedeutend gestiegen.

Tafel
Nachweisung des Holzertrages der Staats-

Lfd. Nr.	Regierungsbezirk	Holzboden	Fällungsergebnis im ganzen und Nutzholz-									
			Derbholz				Nicht-Derbholz				Gesamt	
							Reisig					
			Bau- und Nutzholz	Brennholz	Summe (Sp. 4 + 5)	für 1 ha Holzboden	Nutzholz	Brennholz	Summe (Sp. 8 + 9)	Stockholz	Bau- und Nutzholz (Sp. 4 + 8)	Brennholz (Sp. 5 + 9 + 11)
		ha	Festmeter				Festmeter				Fest
1.	2.	3.	4.	5.	6.	7.	8.	9.	10.	11.	12.	13.
1	Königsberg	100 752	190 261	280 623	470 884	4,67	416	43 282	43 698	9 546	190 677	333 451
2	Gumbinnen	126 397	303 774	277 718	581 492	4,60	1 293	70 343	71 636	6 187	305 067	354 248
3	Allenstein	190 239	649 601	175 316	824 917	4,34	834	72 836	73 670	5 586	650 435	253 738
4	Danzig	124 587	235 958	120 453	356 411	2,86	3 026	64 928	67 954	5 517	238 984	190 898
5	Marienwerder	255 539	671 339	238 234	909 573	3,56	4 804	148 974	153 778	16 169	676 143	403 377
6	Potsdam	204 418	613 258	291 177	904 435	4,42	625	69 428	70 053	22 468	613 883	383 073
7	Frankfurt a. O.	191 339	606 090	179 987	786 077	4,11	824	65 981	66 805	13 921	606 914	259 889
8	Stettin	107 764	314 971	175 995	490 966	4,56	1 411	37 941	39 352	5 247	316 382	219 183
9	Köslin	79 058	98 670	101 070	199 740	2,53	258	46 283	46 541	502	98 928	147 855
10	Stralsund	25 622	62 650	37 617	100 267	3,91	278	20 678	20 956	85	62 928	58 380
11	Posen	97 340	426 285	78 286	504 571	5,18	2 895	65 166	68 061	14 224	429 180	157 676
12	Bromberg	126 081	338 891	117 700	456 591	3,62	4 493	97 443	101 936	11 423	343 384	226 566
13	Breslau	58 621	312 872	111 271	424 143	7,24	13 628	23 467	37 095	9 836	326 500	144 574
14	Liegnitz	23 475	91 722	18 972	110 694	4,72	1 207	7 805	9 012	2 510	92 929	29 287
15	Oppeln	73 225	363 708	79 834	443 542	6,06	2 221	17 380	19 601	7 527	365 929	104 741
16	Magdeburg	63 448	139 992	68 509	208 501	3,29	780	50 637	51 417	5 258	140 772	124 404
17	Merseburg	71 805	203 078	104 880	307 958	4,29	1 214	43 959	45 173	5 690	204 292	154 529
18	Erfurt	37 610	164 013	71 898	235 911	6,27	2 923	31 256	34 179	2 810	166 936	105 964
19	Schleswig	37 277	100 052	72 236	172 288	4,62	746	35 136	35 882	274	100 798	107 646
20	Hannover	27 389	86 176	35 846	122 022	4,46	662	22 096	22 758	330	86 838	58 272
21	Hildesheim	99 894	361 303	199 712	561 015	5,62	5 868	57 223	63 091	11 350	367 171	268 285
22	Lüneburg	75 252	213 382	54 840	268 222	3,56	3 337	43 327	46 664	847	216 719	99 014
23	Stade	17 372	38 285	13 147	51 432	2,96	1 034	10 638	11 672	14	39 319	23 799
24	Osnabrück mit Aurich	13 664	30 527	9 397	39 924	2,92	264	9 301	9 565	5	30 791	18 703
25	Minden mit Münster	34 679	127 069	89 254	216 323	6,24	3 167	41 596	44 763	267	130 236	131 117
26	Arnsberg	24 236	72 833	47 000	119 833	4,94	1 998	10 839	12 837		74 831	57 839
27	Cassel	201 099	412 147	376 297	788 444	3,92	9 731	241 620	251 351	4 642	421 878	622 559
28	Wiesbaden	51 862	78 873	135 237	214 110	4,13	2 336	64 407	66 743	309	81 209	199 953
29	Coblenz	29 943	70 971	52 423	123 394	4,12	1 889	33 807	35 696	161	72 860	86 391
30	Düsseldorf	16 626	48 461	10 990	59 451	3,58	2 359	19 236	21 595	848	50 820	31 074
31	Cöln	13 794	33 538	8 298	41 836	3,03	786	8 288	9 074	.	34 324	16 586
32	Trier	64 532	171 685	138 156	309 841	4,80	3 486	41 843	45 329	201	175 171	180 200
33	Aachen	34 282	105 434	33 390	138 424	4,05	4 518	16 421	20 939		109 952	49 811
	Zusammen	2 699 221	7 737 869	3 805 763	11 543 632	4,28	85 311	1 633 565	1 718 876	163 754	7 823 180	5 603 082

37 c.

forsten im Forstwirtschaftsjahre 1912.

ausbeute v. H.				Ausscheidung des Nutzderbholzes nach den Hauptholzarten											
Holzmasse		Nutzholz		Laubholz								Nadelholz			
						hierunter									
								Eichen		Rotbuchen					
Summe (Sp. 12+13)	für 1 ha Holz- boden	v. H. der Derbholz- masse (Sp. 4:6)	v. H. der gesamten Holz- masse (Sp. 12:14)	Gesamt- anfall an Laub- Derbholz	hierunter Nutzholz			Anfall an Derb- holz	hierunter Nutzholz			Anfall an Derb- holz	hierunter Nutzholz			Gesamt- anfall an Nadel- Derbholz	hierunter Nutzholz	
					im ganzen	v. H.			im ganzen	v. H.			im ganzen	v. H.			im ganzen	v. H.
meter				Festmeter	Festmeter			Festmeter				Festmeter				Festmeter		
14.	15.	16.	17.	18.	19.	20.	21.	22.	23.	24.	25.	26.	27.	28.	29.
524 128	5,20	40	36	240 850	45 202	19	21 318	17 063	80	10 403	4 160	40	230 034	145 059	63
659 315	5,22	52	46	154 059	25 512	17	11 979	8 894	74	.	.	.	427 433	278 262	65
904 173	4,75	79	72	75 421	24 221	32	15 027	9 338	62	3 752	1 267	34	749 496	625 380	83
429 882	3,45	66	56	89 883	37 244	41	22 448	15 022	67	48 916	17 571	36	266 528	198 714	75
1 079 520	4,22	74	63	51 804	15 550	30	18 141	9 764	54	5 441	1 227	23	857 769	655 789	76
996 956	4,88	68	62	96 288	26 692	28	15 964	7 044	44	44 158	10 353	23	808 147	586 566	73
866 803	4,53	77	70	84 892	36 677	43	23 411	13 188	56	27 637	9 163	33	701 185	569 413	81
535 565	4,97	64	59	126 999	42 857	34	25 825	12 834	50	72 187	19 786	27	363 967	272 114	75
246 783	3,12	49	40	73 764	18 850	26	13 644	6 200	45	39 874	8 589	22	125 976	79 820	63
121 308	4,73	62	52	41 545	16 576	40	14 589	7 236	50	18 748	6 676	36	58 722	46 074	78
586 856	6,03	84	73	27 336	11 623	43	8 226	5 624	68	3 566	826	23	477 235	414 662	87
569 950	4,52	74	60	20 280	8 377	41	8 346	5 307	64	686	77	11	436 311	330 514	76
471 074	8,04	74	69	74 725	35 617	48	34 605	19 496	56	15 434	7 010	45	349 418	277 255	79
122 216	5,21	83	76	13 352	8 520	64	9 777	6 781	69	2 279	1 221	54	97 342	83 202	85
470 670	6,43	82	78	26 809	12 831	48	9 479	5 525	58	3 402	1 593	47	416 733	350 877	84
265 176	4,18	67	53	79 514	34 623	44	38 025	19 369	51	21 845	7 446	34	128 987	105 369	82
358 821	5,00	66	57	69 294	31 597	46	28 158	14 649	52	28 078	12 030	43	238 664	171 481	72
272 900	7,26	70	61	75 232	27 636	37	8 475	5 169	61	63 468	19 346	30	160 679	136 377	85
208 444	5,59	58	48	106 094	43 338	41	24 397	15 947	65	70 758	24 985	35	66 194	56 714	86
145 110	5,30	71	60	60 947	30 815	51	9 012	6 006	67	48 867	23 681	48	61 075	55 361	91
635 456	6,36	64	58	244 353	82 354	34	19 991	10 634	53	221 901	70 935	32	316 662	278 949	88
315 733	4,20	80	69	52 948	22 732	43	17 122	10 006	58	21 147	7 152	34	215 274	190 650	89
63 118	3,63	74	62	14 897	8 586	58	6 530	5 479	84	7 394	2 937	40	36 535	29 699	81
49 494	3,62	76	62	8 830	4 788	54	3 585	2 728	76	4 345	1 763	41	31 094	25 739	83
261 353	7,54	59	50	161 529	75 474	47	20 427	14 815	73	136 661	58 462	43	54 794	51 595	94
132 670	5,47	61	56	85 480	38 973	46	12 261	9 591	78	71 602	28 871	40	34 353	33 860	99
1 044 437	5,19	52	40	441 280	114 091	26	76 240	36 357	48	343 775	72 003	21	347 164	298 056	86
281 162	5,42	37	29	162 942	34 969	21	24 953	12 354	50	135 121	22 094	16	51 168	43 904	86
159 251	5,32	58	46	65 809	16 792	26	17 799	9 848	55	46 234	6 135	13	57 585	54 179	94
81 894	4,93	82	62	26 159	17 032	65	14 425	10 768	75	8 204	4 481	55	33 292	31 429	94
50 910	3,69	80	67	25 618	17 684	69	11 867	9 610	81	11 895	7 088	60	16 218	15 854	98
355 371	5,51	55	49	227 906	93 261	41	54 287	35 817	66	168 316	55 546	33	81 935	78 424	96
159 763	4,66	76	69	55 587	24 860	45	15 999	11 189	70	37 254	12 609	34	83 237	80 574	97
13 426 262	4,97	67	58	3 162 426	1 085 954	34	656 332	389 652	59	1 743 348	527 083	30	8 381 206	6 651 915	79

20

Tafel 38b.

Übersicht des Holzertrages und des Sortenverhältnisses in den Staatsforsten für die Forstwirtschaftsjahre 1908—1912.

Rechnungsmäßiger Zk-Einschlag.

Forstwirtschafts-jahr	Bau- und Nutzholz			Brennholz				Summe Bau-, Nutz- und Brennholz (Spalte 4 + 8)	Darunter sind enthalten		Zur Holzzucht bestimmte Fläche
	Derbholz einschl. Nutzrinde	Reisig	Zusammen (Spalte 2 + 3)	Derbholz	Stockholz	Reisig	Zusammen (Spalte 5 + 6 + 7)		Derbholz einschl. Nutzrinde (Spalte 2 + 5)	Reisig (Spalte 3 + 7)	
				Festmeter							Hektar
1.	2.	3.	4.	5.	6.	7.	8.	9.	10.	11.	12.
1908	6 186 518	77 519	6 264 037	3 704 812	218 544	1 790 243	5 713 599	11 977 636	9 891 330	1 867 762	2 640 782
1909	6 791 895	77 064	6 868 959	4 067 251	202 514	1 898 051	6 167 816	13 036 775	10 859 146	1 975 115	2 659 812
1910	9 173 132	70 163	9 243 295	4 489 183	201 910	1 780 150	6 471 243	15 714 538	13 662 315	1 975 313	2 677 197
1911	7 288 115	73 169	7 361 284	3 927 364	173 925	1 707 139	5 808 428	13 169 712	11 215 479	1 780 308	2 689 740
1912	7 737 869	85 311	7 823 180	3 805 763	163 754	1 633 565	5 603 082	13 426 262	11 543 632	1 718 876	2 699 221

Fortsetzung der Tafel 38b.

Die Abnutzung hat für 1 ha der Holzbodenfläche betragen:

Bau- und Nutzholz			Brennholz				Summe Bau-, Nutz- und Brennholz (Spalte 15 + 19)	Derb-, Nutz- und Brennholz (Spalte 13 + 16)	Reisig, Nutz- und Brennholz (Spalte 14 + 18)
Derbholz einschl. Nutzrinde	Reisig	Zusammen (Spalte 13 + 14)	Derbholz	Stockholz	Reisig	Zusammen (Spalte 16 + 17 + 18)			
Festmeter									
13.	14.	15.	16.	17.	18.	19.	20.	21.	22.
2,34	0,03	2,37	1,41	0,08	0,68	2,17	4,54	3,75	0,71
2,55	0,03	2,58	1,53	0,08	0,71	2,32	4,90	4,08	0,74
3,42	0,03	3,45	1,68	0,08	0,66	2,42	5,87	5,10	0,69
2,71	0,03	2,74	1,46	0,06	0,63	2,15	4,89	4,17	0,66
2,87	0,03	2,90	1,41	0,06	0,60	2,07	4,97	4,28	0,63

Von dem Derbholz-Einschlage entfallen:

auf das kontrollfähige Holz							vom Mittelwalde		Zusammen (Spalte 23 + 25 + 28)	auf das nicht kontroll-fähige Holz des Mittel- und Niederwaldes	Forstwirtschafts-jahr
vom Hoch- und Plenterwalde											
Hauptnutzung		Vornutzung									
Festmeter	v. H. des gesamten kontrollfähigen Holzes	Festmeter	v. H. des gesamten kontrollfähigen Holzes	v. H. der Hauptnutzung		Festmeter	v. H. der gesamten kontrollfähigen Holzes				
									Festmeter		
23.	24.	25.	26.	27.		28.	29.		30.	31.	32.
5 934 516	60,0	3 909 103	39,5	65,9		28 133	0,3		9 871 752	19 578	1908
6 511 323	60,1	4 297 548	39,6	66,0		32 958	0,3		10 841 829	17 317	1909
9 533 593	69,8	4 106 922	30,1	43,1		11 804	0,1		13 652 819	9 996	1910
6 761 718	60,3	4 442 691	39,7	65,7		190	.		11 204 599	10 880	1911
6 870 175	59,6	4 649 575	40,4	67,7		95	.		11 519 845	23 787	1912

Tafel 42.

Zusammenstellung der in den Etatsjahren 1909—1912 in den preußischen Staatsforsten verwerteten Eichenrinde.

Lfd. Nr.	Provinz	Etatsjahr 1909 Spiegelrinde	Etatsjahr 1910 Spiegelrinde	Etatsjahr 1911 Spiegelrinde	Etatsjahr 1912 Spiegelrinde
		Doppel-Zentner (100 kg)			
1.	2.	3.	4.	5.	6.
1	Ostpreußen	.	.	.	.
2	Westpreußen	.	.	.	.
3	Brandenburg	.	.	.	.
4	Pommern	.	.	.	104
5	Posen	.	.	.	.
6	Schlesien	.	.	.	.
7	Sachsen	125	77	136	.
8	Schleswig-Holstein	.	.	.	.
9	Hannover	.	.	.	.
10	Westfalen	.	.	.	.
11	Hessen-Nassau	3 369	2 691	2 226	2 290
12	Rheinprovinz	375	184	307	134
	Zusammen 1—7, 10 und 12 (alte Provinzen)	500	261	443	238
	Zusammen 8, 9 und 11 (neue Provinzen)	3 369	2 691	2 226	2 290
	Gesamtbetrag	3 869	2 952	2 669	2 528

Tafel 45a.

Übersicht des Geldertrages aus der Holznutzung in den einzelnen Regierungsbezirken für das Hektar der zur Holzzucht bestimmten Fläche in den Etatsjahren 1909 bis 1912.

Laufende Nummer	Regierungsbezirk	Ertrag aus dem Holze für das Hektar der zur Holzzucht bestimmten Fläche (einschl. der dem Staate anteilig gehörenden Waldungen)				Reihenfolge der Bezirke nach dem Ertrage aus dem Holze für das Hektar des Holzbodens im Etatsjahre 1912		
		Etatsjahr 1909	Etatsjahr 1910	Etatsjahr 1911	Etatsjahr 1912	Lfd. Nr.		ℳ
		ℳ						
1.	2.	3.	4.	5.	6.	7.	8.	9.
1	Königsberg	48,17	28,43	139,44	64,88	1	Köslin	31,31
2	Gumbinnen	33,47	25,77	84,05	42,50	2	Osnabrück	35,25
3	Allenstein	46,38	48,91	58,17	56,71	3	Danzig	35,61
4	Danzig	27,60	27,68	33,27	35,61	4	Cöln	37,30
5	Marienwerder	35,47	38,73	44,48	47,55	5	Stade	38,50
6	Potsdam	51,10	51,05	55,49	61,53	6	Coblenz	38,73
7	Frankfurt a. O.	52,35	53,12	55,45	57,22	7	Cassel	40,13
8	Stettin	52,45	54,51	59,04	65,77	8	Gumbinnen	42,50
9	Köslin	27,04	25,43	27,66	31,31	9	Wiesbaden	42,68
10	Stralsund	39,46	39,07	40,43	47,19	10	Bromberg	43,45
11	Posen	37,53	34,01	39,40	50,37	11	Lüneburg	44,24
12	Bromberg	34,11	33,98	36,80	43,45	12	Magdeburg	45,11
13	Breslau	82,81	88,16	85,94	101,74	13	Aachen	45,33
14	Liegnitz	54,03	65,34	63,88	73,93	14	Stralsund	47,19
15	Oppeln	80,37	62,30	65,51	84,28	15	Schleswig	47,26
16	Magdeburg	34,41	35,25	38,88	45,11	16	Marienwerder	47,55
17	Merseburg	60,28	61,14	64,13	65,93	17	Posen	50,37
18	Erfurt	87,99	89,97	102,90	99,74	18	Düsseldorf	52,17
19	Schleswig	45,80	43,10	45,20	47,26	19	Trier	52,38
20	Hannover	52,19	50,91	58,56	58,53	20	Arnsberg	56,64
21	Hildesheim	64,60	62,47	69,13	74,65	21	Allenstein	56,71
22	Lüneburg	34,52	29,64	34,50	44,24	22	Frankfurt a. O.	57,22
23	Stade	37,43	36,76	40,29	38,50	23	Hannover	58,53
24	Osnabrück mit Aurich	35,35	35,33	36,19	35,25	24	Potsdam	61,53
25	Minden mit Münster	64,50	62,94	64,91	68,93	25	Königsberg	64,88
26	Arnsberg	49,48	55,63	48,28	56,64	26	Stettin	65,77
27	Cassel	34,72	32,75	36,61	40,13	27	Merseburg	65,93
28	Wiesbaden	39,90	39,50	41,98	42,68	28	Minden	68,93
29	Coblenz	42,97	38,91	42,50	38,73	29	Liegnitz	73,93
30	Düsseldorf	51,48	46,54	52,18	52,17	30	Hildesheim	74,65
31	Cöln	38,55	37,74	36,37	37,30	31	Oppeln	84,28
32	Trier	49,89	51,28	45,29	52,38	32	Erfurt	99,74
33	Aachen	35,79	40,48	48,13	45,33	33	Breslau	101,74
	Staat	45,42	44,13	54,72	54,09			

Tafel 46b.

Hauptübersicht der Ist-Einnahmen und -Ausgaben der Staatsforstverwaltung im Etatsjahre und Forstwirtschaftsjahre 1912.

Die zur Verstärkung des Kulturfonds aus dem Ankaufsfonds entnommenen Beträge sind beim Kulturfonds nachgewiesen.

Tafel

Geld-

Laufende Nummer	Regierungsbezirk usw.	Holz		Neben- nutzungen		Jagd		Torf- gräbereien		Rück- zahlungen auf die an Forstbeamte zur wirt- schaftlichen Einrichtung gewährten Vorschüsse		Forst- liche Lehr- anstalten		Verschiedene andere Einnahmen		Erlös aus dem Verkauf von Forst- grundstücken (Außerordent- liche Einnahmen)	
		ℳ	₰	ℳ	₰	ℳ	₰	ℳ	₰	ℳ	₰	ℳ	₰	ℳ	₰	ℳ	₰
1.	2.	3.		4.		5.		6.		7.		8.		9.		10.	
1	Königsberg	6 536 828	11	425 922	16	22 540	10	35 284	99	.	.	.	.	37 380	56	.	.
2	Gumbinnen	5 372 172	58	655 131	17	27 613	06	21 510	45	.	.	.	.	18 911	92	78 470	.
3	Allenstein	10 788 192	97	487 369	83	25 256	59	5 580	90	.	.	.	.	25 594	88	22 875	19
4	Danzig	4 436 828	12	209 557	38	12 448	99	3 945	20	.	.	.	.	15 438	69	4 427	.
5	Marienwerder	12 150 492	89	532 754	94	38 351	84	2 527	80	.	.	.	.	39 755	87	517	.
6	Potsdam	12 577 506	78	587 942	69	80 134	77	.	.	.	.	9 147	55	528 567	71	3 654 334	40
7	Frankfurt a. O.	10 949 315	98	370 989	93	37 944	48	1 534	73	.	.	17 563	39	32 019	.	123 289	04
8	Stettin	7 087 778	61	307 349	05	29 222	31	9 685	50	.	.	.	.	31 905	20	299 354	.
9	Köslin	2 475 562	31	119 813	02	13 455	52	1 921	15	.	.	.	.	7 175	55	26 097	50
10	Stralsund	1 209 083	03	78 571	22	13 133	37	.	.	.	.	.	.	1 766	60	.	.
11	Posen	4 903 180	08	241 180	30	22 690	12	3	50	.	.	.	.	14 305	40	639	28
12	Bromberg	5 477 647	12	275 247	72	19 415	96	1 215	.	.	.	21 571	30	5 130	59	380 617	08
13	Breslau	5 963 823	87	215 804	22	24 898	03	27	30	.	.	.	.	11 673	10	6 556	40
14	Liegnitz	1 735 464	42	37 784	05	4 197	23	.	.	.	.	.	.	2 264	67	8 847	32
15	Oppeln	6 171 661	21	139 699	73	25 814	70	.	.	.	.	.	.	29 295	70	7 596	.
16	Magdeburg	2 862 165	38	302 045	22	38 826	07	.	.	.	.	.	.	12 324	47	137 588	50
17	Merseburg	4 734 262	79	382 484	57	31 751	87	5 052	10	.	.	.	.	27 246	14	250 480	.
18	Erfurt	3 751 102	13	46 437	06	8 931	08	.	.	.	.	.	.	19 170	28	13 846	91
19	Schleswig	1 761 866	58	67 421	97	21 471	51	28 717	62	.	.	.	.	14 094	34	217 689	79
20	Hannover	1 603 044	52	48 540	05	13 844	59	4 130	45	.	.	.	.	230 728	67	76 510	30
21	Hildesheim	7 457 336	95	308 958	37	34 273	17	.	.	.	.	14 187	67	30 399	88	28 544	.
22	Lüneburg	3 329 234	32	198 358	56	17 439	36	10 896	35	.	.	.	.	17 630	94	122 380	.
23	Stade	668 737	67	26 448	15	5 059	48	2 991	75	.	.	.	.	961	52	8 576	40
24	Osnabrück mit Aurich	481 668	68	40 669	12	1 843	58	4 186	87	.	.	.	.	436	21	.	.
25	Minden mit Münster	2 390 529	27	43 608	24	10 900	82	1 547	30	.	.	.	.	18 484	89	334	93
26	Arnsberg	1 372 681	51	25 184	14	12 410	09	.	.	.	.	.	.	45 357	59	30 011	50
27	Cassel	8 069 797	13	295 598	87	47 633	48	98	30	.	.	21 624	52	131 055	94	254 643	12
28	Wiesbaden	2 213 419	32	145 643	57	22 219	16	.	.	.	.	26 065	88	109 481	63	63 367	40
29	Coblenz	1 159 787	08	30 959	74	14 159	57	.	.	.	.	.	.	31 330	79	117	70
30	Düsseldorf	867 392	45	225 274	95	14 482	01	.	.	.	.	.	.	56 340	75	852 573	50
31	Cöln	514 476	28	91 513	01	20 827	63	.	.	.	.	.	.	16 718	99	41 595	80
32	Trier	3 380 256	70	163 092	66	17 766	71	37	.	.	.	.	.	19 144	67	6 125	82
33	Aachen	1 553 850	19	16 084	61	13 066	52	.	.	.	.	.	.	10 867	95	18 175	08
34	Sigmaringen	.	.	.	.	46	.	.	.	.	.	.	.	13 015	87	.	.
35	Generalstaatskasse	.	.	.	.	.	.	.	.	50 307	.	.	.	3 977	.	.	.
36	Ministerial-, Militär- u. Baukommission	.	.	36 268	76	.	.	.	.	.	.	.	.	113 402	68	127 977	.
	Zusammen	146 007 147	03	7 179 755	03	744 023	77	140 894	26	50 307	.	110 160	31	1 723 356	64	6 864 157	96

46 b.

		Dauernde Ausgaben												
ertrag		Verwaltung und Betrieb												
		Besoldungen												Regierungsbezirk usw.
Rohertrag zusammen (Spalten 3—10)		Oberforstmeister (einschl. Dirigentenzulagen) und Regierungs- und Forsträte		Oberförster und verwaltende Revierförster		Vollbeschäftigte Forstkassenrendanten		Revierförster (einschl. Revierförsterzulagen), Förster m. und o. R. und Waldwärter		Torf-, Wiesen- usw. Meister und -Wärter		Wohnungsgeldzuschüsse		
ℳ	₰	Stellenzahl	ℳ ₰	Stellenzahl¹)	ℳ ₰	Stellenzahl	ℳ ₰	Stellenzahl²)	ℳ ₰	ℳ ₰		ℳ ₰		
11.		12.	13.	14.	15.	16.	17.	18.	19.	20.		21.		
7 057 955	92	4	25 200 .	24	121 200 .	6	18 450 .	144	378 795 81	5 520	.	6 995	.	Königsberg.
6 173 809	18	4	24 450 .	28	135 450 .	7	23 100 .	157	465 658 15	1 660	.	6 360	.	Gumbinnen.
11 354 870	36	5	36 150 .	35	162 800 .	11	35 400 .	205	491 151 27	.	.	10 200	.	Allenstein.
4 682 645	38	4	24 000 .	24	120 375 .	2	6 500 .	147	363 929 14	.	.	4 190	.	Danzig.
12 764 400	34	8	47 250 .	50	238 600 .	13	40 875 .	292	738 539 28	1 450	.	12 506	67	Marienwerder.
17 437 633	90	5	32 550 .	45	315 307 48	9	36 325 .	239	686 514 14	1 840	.	13 905	01	Potsdam.
11 532 656	55	6	47 400 .	40	254 025 .	11	36 466 67	230	636 931 31	.	.	9 637	50	Frankfurt a. O.
7 765 294	67	4	31 800 .	26	168 150 .	8	29 500 .	135	382 231 57	4 400	.	8 570	.	Stettin.
2 644 025	05	3	18 550 .	16	88 725 .	2	5 000 .	94	251 958 32	1 300	.	3 750	.	Köslin.
1 302 554	22	1	8 400 .	6	41 025 .	2	8 100 .	50	140 337 50	.	.	2 060	.	Stralsund.
5 181 998	68	4	23 850 .	19	100 275 .	2	6 600 .	116	297 487 48	.	.	4 416	67	Posen.
6 180 844	77	4	26 550 .	25	141 425 .	4	16 000 .	136	370 196 90	.	.	6 640	.	Bromberg.
6 222 782	92	3	24 000 .	16	95 300 .	4	16 275 .	108	311 979 14	.	.	6 237	50	Breslau.
1 788 557	69	1	8 250 .	5	42 600 .	.	.	42	127 093 74	.	.	3 230	.	Liegnitz.
6 374 067	34	3	10 200 .	17	107 550 .	6	18 700 .	107	316 524 99	3 175	.	3 230	.	Oppeln.
3 352 949	64	3	18 000 .	18	114 425 .	6	14 150 .	101	297 661 57	.	.	4 700	.	Magdeburg.
5 431 277	47	4	20 400 .	22	120 475 .	4	17 550 .	124	371 885 60	.	.	4 150	.	Merseburg.
3 839 487	46	3	22 800 .	14	73 950 .	1	4 500 .	80	204 899 99	.	.	3 535	.	Erfurt.
2 111 261	81	3	18 600 .	14	85 475 .	.	.	60	175 449 11	.	.	3 491	67	Schleswig.
1 976 798	58	4	31 350 .	28	166 525 .	1	2 900 .	99	261 763 32	.	.	4 746	67	Hannover.
7 873 700	04	7	49 800 .	42	243 525 .	5	21 450 .	183	523 508 31	.	.	9 052	50	Hildesheim.
3 695 939	53	4	27 600 .	22	121 525 .	.	.	105	292 087 49	.	.	3 870	.	Lüneburg.
712 774	97	1	8 400 .	7	38 175 .	.	.	29	73 383 33	.	.	1 050	.	Stade.
528 804	46	1	8 400 .	5	27 575 .	.	.	25	62 497 50	.	.	1 680	.	Osnabrück mit Aurich.
2 465 405	45	3	14 700 .	12	70 425 .	1	2 100 .	73	195 316 62	.	.	2 847	50	Minden mit Münster.
1 485 644	83	3	17 550 .	10	50 400 .	1	3 433 33	43	105 741 66	.	.	2 680	.	Arnsberg.
8 820 451	36	10	68 150 .	87	480 750 .	3	9 700 .	405	1 094 590 59	.	.	11 790	.	Cassel.
2 580 196	96	6	39 700 .	56	293 825 .	4	14 000 .	106	297 854 14	.	.	11 380	.	Wiesbaden.
1 236 354	88	4	30 450 .	12	66 175 .	.	.	78	220 245 82	.	.	4 080	.	Coblenz.
2 016 063	66	1	8 250 .	5	36 975 .	1	3 975 .	41	105 858 33	.	.	3 277	50	Düsseldorf.
685 131	71	1	8 400 .	4	35 700 .	.	.	26	72 866 66	.	.	3 720	.	Cöln.
3 586 423	56	5	36 600 .	18	100 425 .	2	6 100 .	117	334 245 82	.	.	6 290	.	Trier.
1 612 044	35	3	23 250 .	10	55 377 42	.	.	57	144 524 99	.	.	2 947	26	Aachen.
13 061	87	.	.	4	20 100 .	.	.	.	.	.	.	720	.	Sigmaringen.
54 284	.	.	.	1	.	.	.	3	.	.	.	.	.	Generalstaatskasse.
277 648	44	.	.	.	.	.	.	.	.	.	.	.	.	Ministerial-, Militär- u. Baukommission.
162 819 802	.	125	841 000 .	767	4 334 609 90	116	397 150 .	3957	10 793 709 59	19 345	.	187 936	45	Zusammen.

¹) Ausschl. der Oberförster o. R. — ²) Ausschl. der Förster o. R.

Zu Tafel

Dauernde

Verwaltung

Laufende Nummer	Regierungsbezirk usw.	Andere persönliche Ausgaben					Betrag aller Besoldungen und Vergütungen (Spalten 13, 15, 17 und 19—26)		Stellenzulagen,		
		Vergütungen für Hilfsarbeiter im Forstverwaltungsdienste bei den Regierungen und bei den Oberförstern sowie bei Betriebsregelungen		Vergütung für die Gelderhebung und Auszahlung an nicht voll- oder nur nebenamtlich beschäftigte Forstkassenrendanten und an Untererheber		Vergütungen für Forsthilfsaufseher einschl. für Stellvertretung, Vergütungen für nebenamtliche Waldwärter usw.		Außerordentliche Remunerationen und Unterstützungen		Vorschüsse an Forstbeamte zur wirtschaftlichen Einrichtung bei Übernahme oder anderweiter Ausstattung einer Stelle				Dienstaufwandsentschädigungen für Oberforstmeister, Regierungs- und Oberförster, sowie Stellenzulagen für Oberförster		Dienstaufwandsentschädigungen für vollbeschäftigte Forstkassenrendanten
		ℳ	₰	ℳ	₰	ℳ	₰	ℳ	₰	ℳ	₰	ℳ	₰	ℳ	₰	ℳ	₰
		22.		23.		24.		25.		26.		27.		28.		29.	
1	Königsberg	8 488	97	16 451	68	71 037	47	13 950	.	.	.	666 088	93	64 954	66	7 625	.
2	Gumbinnen	15 046	95	11 886	62	73 340	36	13 100	.	.	.	770 052	08	78 488	68	10 800	.
3	Allenstein	15 791	52	6 377	71	106 395	34	16 920	.	.	.	881 185	84	93 483	47	17 400	.
4	Danzig	18 043	55	17 924	20	85 358	93	9 600	.	.	.	649 920	82	65 152	15	2 775	.
5	Marienwerder	17 128	.	7 163	46	124 503	80	19 800	.	.	.	1 247 816	21	129 926	81	20 724	99
6	Potsdam	21 711	01	16 948	20	95 280	62	17 990	.	.	.	1 238 371	46	123 784	63	15 750	.
7	Frankfurt a. O.	21 663	27	12 405	28	57 769	73	12 883	.	.	.	1 089 181	76	110 118	.	15 750	.
8	Stettin	8 201	35	10 830	35	55 494	87	9 400	.	.	.	708 578	14	65 552	.	10 000	.
9	Köslin	8 392	10	8 218	75	25 892	05	5 600	.	.	.	417 386	22	40 682	17	2 500	.
10	Stralsund	6 243	01	5 923	98	5 843	88	2 600	.	.	.	220 533	37	13 392	.	2 200	.
11	Posen	7 167	67	15 985	.	50 307	98	7 975	.	.	.	514 064	80	56 460	73	2 900	.
12	Bromberg	6 934	75	12 475	93	37 772	22	8 500	.	.	.	626 494	80	58 260	15	7 000	.
13	Breslau	3 966	12	7 200	.	23 222	53	5 560	.	.	.	493 740	29	39 260	60	6 300	.
14	Liegnitz	275	.	8 430	.	4 688	62	1 625	.	.	.	196 192	36	12 170	.	.	.
15	Oppeln	16 205	18	4 170	.	41 901	32	7 169	.	.	.	528 825	49	39 853	19	6 750	.
16	Magdeburg	2 215	.	9 746	06	13 937	23	6 900	.	.	.	481 734	86	41 074	31	5 760	.
17	Merseburg	10 310	.	15 605	64	12 597	07	7 400	.	.	.	580 373	31	50 960	04	7 450	.
18	Erfurt	3 101	50	11 548	32	26 930	58	5 200	.	.	.	356 465	39	34 715	33	1 600	.
19	Schleswig	8 917	74	11 320	.	25 651	08	4 470	.	.	.	333 374	60	40 234	.	.	.
20	Hannover	3 511	29	8 659	32	45 771	14	8 510	.	.	.	533 736	74	70 270	69	1 600	.
21	Hildesheim	11 700	65	14 359	46	30 790	17	12 800	.	.	.	916 986	09	109 796	56	9 000	.
22	Lüneburg	11 773	60	15 506	58	23 906	92	6 800	.	.	.	503 069	59	59 708	23	.	.
23	Stade	2 475	.	3 375	.	14 941	11	2 000	.	.	.	143 799	44	21 015	10	.	.
24	Osnabrück mit Aurich	2 750	.	2 826	.	9 262	68	1 600	.	.	.	116 591	18	10 929	10	.	.
25	Minden mit Münster	12 354	58	8 303	67	23 780	85	4 400	.	.	.	334 228	22	30 932	.	1 400	.
26	Arnsberg	6 550	.	5 882	83	13 786	60	2 816	.	.	.	208 840	42	28 375	73	1 400	.
27	Cassel	39 623	81	30 081	91	77 488	74	24 397	.	.	.	1 836 572	05	223 487	49	5 500	.
28	Wiesbaden	11 391	03	17 369	27	49 794	56	10 500	.	.	.	745 814	.	146 669	60	5 950	.
29	Coblenz	5 408	33	13 215	.	14 956	.	4 600	.	.	.	359 130	15	37 644	.	.	.
30	Düsseldorf	2 475	.	4 500	.	17 392	87	2 600	.	.	.	185 303	70	13 080	.	1 800	.
31	Cöln	1 650	.	1 534	.	12 900	50	1 700	.	.	.	138 471	16	10 568	.	.	.
32	Trier	5 790	.	8 557	22	52 934	63	4 251	35	.	.	555 194	02	59 975	83	3 600	.
33	Aachen	3 711	29	4 383	.	18 782	.	5 000	.	.	.	257 975	96	34 870	.	.	.
34	Sigmaringen	.	.	.	.	.	.	150	.	.	.	20 970	.	8 800	.	.	.
35	Generalstaatskasse	.	.	.	.	.	.	.	.	62 940	.	62 940	.	9 880	.	.	.
36	Ministerial-, Militär- u. Baukommission	.	.	.	.	.	.	.	.	.	.	.	.	.	.	.	.
	Zusammen	320 967	27	349 164	44	1 344 414	45	268 766	35	62 940	.	18 920 003	45	2 034 525	25	173 534	99

46b.

Ausgaben

und Betrieb

Dienstaufwands- und Mietsentschädigungen, Dienstkleidungszuschüsse					Betriebskosten			Regierungsbezirk usw.
Dienstaufwandsentschädigungen, Stellenzulagen usw. für Revierförster und Förster, Stellenzulagen usw. für Waldwärter	Dienstaufwandsentschädigungen für Flößereiverwalter, Stellenzulagen und Dienstkleidungszuschüsse für die Meister und Wärter bei den Nebenbetriebsanstalten	Dienstkleidungszuschüsse für Forsthilfsaufseher	Mietsentschädigungen wegen fehlender Dienstwohnungen für Oberförster, Förster, Meister usw.	Zusammen (Spalten 28—33)	Werben und Verbringen von Holz und anderen Forsterzeugnissen	Unterhaltung und Neubau der Gebäude und Beschaffung fehlender Gebäude	Unterhaltung und Neubau der öffentlichen Wege in den Forsten	
ℳ | ₰	ℳ | ₰	ℳ | ₰	ℳ | ₰	ℳ | ₰	ℳ | ₰	ℳ | ₰	ℳ | ₰	
30.	31.	32.	33.	34.	35.	36.	37.	
23 099 | 17	90 | .	1 625 | .	8 435 | 82	105 829 | 65	691 198 | 47	135 541 | 63	245 442 | 69	Königsberg.
26 540 | .	230 | .	1 721 | 07	10 415 | 83	128 195 | 58	927 326 | 13	147 095 | 36	142 904 | 30	Gumbinnen.
54 800 | .	100 | .	2 480 | 93	5 111 | 85	173 376 | 25	1 076 828 | 95	160 702 | 48	87 672 | 31	Allenstein.
42 515 | .	. | .	1 987 | 04	4 481 | 16	116 910 | 35	428 360 | 27	107 775 | 55	117 409 | 57	Danzig.
81 362 | 50	830 | .	2 893 | 89	11 204 | 23	246 942 | 42	1 000 075 | 71	187 704 | 79	153 509 | 57	Marienwerder.
47 126 | 67	230 | .	2 085 | 95	17 821 | 49	206 798 | 74	1 300 371 | 52	242 865 | 62	277 479 | 76	Potsdam.
40 714 | 99	. | .	1 352 | 05	18 102 | 52	186 037 | 56	983 021 | 24	146 814 | 90	142 111 | 23	Frankfurt a. O.
23 700 | .	490 | .	1 278 | 93	6 237 | 93	107 258 | 86	571 209 | 24	103 166 | 83	144 158 | 46	Stettin.
19 794 | 72	230 | .	571 | 20	3 060 | 05	66 838 | 14	275 082 | 45	97 201 | 98	25 283 | 92	Köslin.
8 689 | 16	. | .	132 | 50	2 463 | 83	26 877 | 49	231 214 | 49	42 911 | 67	18 723 | 77	Stralsund.
33 590 | .	. | .	1 082 | 60	1 225 | .	95 258 | 33	640 128 | 45	131 277 | 85	51 071 | 69	Posen.
39 730 | .	. | .	815 | 16	10 761 | 67	116 566 | 98	539 600 | 44	91 943 | 73	47 087 | 27	Bromberg.
20 147 | 50	. | .	442 | 01	12 839 | 16	78 989 | 27	662 701 | 02	64 280 | 48	57 001 | 62	Breslau.
7 833 | 33	. | .	104 | 75	4 666 | 67	24 774 | 75	163 413 | 14	25 496 | 36	11 450 | 02	Liegnitz.
20 587 | 50	1 010 | .	964 | 31	6 396 | 17	75 561 | 17	532 613 | 30	62 067 | 35	39 439 | 92	Oppeln.
17 940 | .	. | .	316 | 98	9 921 | 62	75 012 | 91	360 985 | 37	58 749 | 35	60 958 | 44	Magdeburg.
21 479 | 49	. | .	217 | 83	10 974 | 08	91 081 | 44	436 889 | 45	85 013 | 38	116 448 | 94	Merseburg.
22 110 | .	. | .	632 | 50	5 377 | 50	64 435 | 33	530 822 | 95	56 241 | 88	38 970 | 58	Erfurt.
17 397 | 50	. | .	494 | 52	8 010 | .	66 136 | 02	356 729 | 91	52 311 | 39	18 295 | 29	Schleswig.
24 846 | 67	. | .	1 010 | .	6 110 | .	103 837 | 36	243 596 | 90	39 070 | 26	14 347 | 04	Hannover.
51 069 | 17	. | .	683 | 98	15 982 | 42	186 532 | 13	1 404 262 | 57	120 764 | 12	119 200 | 79	Hildesheim.
28 150 | .	. | .	413 | 23	8 398 | 39	96 669 | 85	574 115 | 38	65 294 | 87	24 356 | 89	Lüneburg.
7 332 | 50	. | .	339 | 18	1 291 | 58	29 978 | 36	96 577 | 82	12 971 | 04	1 768 | 58	Stade.
6 780 | 01	. | .	167 | 25	2 373 | 58	20 249 | 94	79 888 | 12	11 991 | 52	6 735 | 77	Osnabrück mit Aurich.
22 644 | 16	. | .	482 | 92	8 641 | 97	64 101 | 05	413 728 | 84	33 177 | 74	44 570 | 71	Minden mit Münster.
14 700 | .	. | .	264 | 50	3 575 | 83	48 316 | 06	185 444 | 96	48 257 | 30	33 294 | 24	Arnsberg.
140 420 | .	. | .	1 618 | .	36 533 | 87	407 559 | 36	1 525 443 | 47	154 916 | 19	126 514 | 47	Cassel.
35 200 | .	. | .	682 | 09	18 117 | 23	206 618 | 92	527 314 | 16	68 020 | 47	8 340 | 07	Wiesbaden.
25 475 | .	. | .	325 | .	10 241 | 33	73 685 | 33	265 410 | 37	30 687 | 92	27 832 | 10	Coblenz.
11 800 | .	. | .	370 | .	4 776 | 67	31 826 | 67	111 179 | 38	25 206 | 66	15 819 | 55	Düsseldorf.
8 200 | .	. | .	305 | .	4 110 | 33	23 183 | 33	101 065 | 92	11 956 | 25	13 184 | 40	Cöln.
40 260 | 84	. | .	1 197 | 28	15 772 | 08	120 806 | 03	697 966 | 56	82 636 | 78	84 525 | 11	Trier.
18 260 | .	. | .	419 | 99	3 310 | 01	56 860 | .	251 728 | 74	68 217 | 55	99 930 | 52	Aachen.
. | .	. | .	. | .	3 452 | .	12 252 | .	. | .	334 | 70	. | .	Sigmaringen.
. | .	. | .	. | .	. | .	9 880 | .	. | .	. | .	. | .	Generalstaatskasse.
. | .	. | .	. | .	. | .	. | .	. | .	. | .	. | .	Ministerial-, Militär- u. Baukommission.
1 004 295 | 88	3 210 | .	29 477 | 64	300 193 | 87	3 545 237 | 63	18 186 295 | 69	2 772 665 | 95	2 415 839 | 59	Zusammen.

28

Zu Tafel

Dauernde

Verwaltung und

Laufende Nummer	Regierungsbezirk usw.	Betriebskosten							
		Beihilfen zu Wege- und Brückenbauten und zur Anlegung von Eisenbahngüter-Haltestellen außerhalb der Forsten	Wasserbauten in den Forsten	Forstkulturen, Verbesserung der Forstgrundstücke, Bau der Wirtschaftswege usw.	Forstvermessungen und Betriebsregelungen	Jagdverwaltungskosten und Wildschadenersatzgelder	Torfgrabereien	Reisekosten	Umzugskosten
		ℳ ₰	ℳ ₰	ℳ ₰	ℳ ₰	ℳ ₰	ℳ ₰	ℳ ₰	ℳ ₰
		38.	39.	40.	41.	42.	43.	44.	45.
1	Königsberg	3 200 .	23 704 84	665 510 84	1 022 66	6 052 25	4 547 67	1 772 62	6 543 27
2	Gumbinnen	21 834 58	1 507 38	715 646 39	742 10	18 495 95	10 535 01	3 284 78	8 263 53
3	Allenstein	. .	1 138 10	535 216 04	7 063 04	3 583 02	2 271 81	5 365 52	8 810 07
4	Danzig	. .	. .	509 507 95	4 156 89	806 56	. .	2 342 47	5 173 13
5	Marienwerder	826 93	183 90	777 160 27	11 673 34	6 047 17	. .	6 832 33	13 894 49
6	Potsdam	13 068 90	44 284 73	797 670 02	3 275 59	7 555 44	. .	1 774 37	12 503 49
7	Frankfurt a. O.	. .	30 205 35	499 349 64	1 816 33	7 370 97	1 287 64	4 096 20	8 186 93
8	Stettin	20 500 .	874 73	310 188 87	2 437 34	830 62	4 772 95	1 549 70	2 783 37
9	Köslin	37 400 .	97 06	175 518 05	2 565 34	305 43	. .	6 146 76	4 375 37
10	Stralsund	5 000 .	279 54	104 831 10	76 03	360 15	. .	746 53	889 65
11	Posen	. .	2 901 11	359 669 72	532 84	4 783 51	. .	1 897 43	3 565 19
12	Bromberg	3 660 85	. .	289 741 64	1 080 01	565 10	. .	3 209 63	6 041 77
13	Breslau	21 600 .	753 07	228 570 86	1 705 44	2 579 80	204 49	946 35	2 505 64
14	Liegnitz	230 .	840 68	66 098 29	300 28	169 72	. .	246 97	2 516 63
15	Oppeln	48 179 70	8 472 94	167 176 38	2 609 88	1 551 84	. .	875 94	6 732 34
16	Magdeburg	12 000 .	. .	231 287 98	3 507 41	4 119 39	. .	653 53	7 084 07
17	Merseburg	40 683 24	5 999 76	293 987 79	2 078 03	2 540 34	4 784 06	929 90	6 180 33
18	Erfurt	4 857 65	1 259 56	174 974 15	2 740 63	3 594 16	. .	337 41	3 965 05
19	Schleswig	497 88	4 735 83	126 191 92	1 151 49	54 .	2 051 36	905 25	4 978 07
20	Hannover	. .	1 034 30	124 942 09	72 10	161 04	835 37	403 20	4 073 35
21	Hildesheim	15 534 77	1 300 44	484 030 48	2 251 24	16 856 58	. .	1 680 65	10 590 88
22	Lüneburg	5 685 20	302 94	193 802 30	443 52	970 81	1 414 49	624 66	5 981 03
23	Stade	12 170 .	198 97	52 009 85	246 25	. .	202 87	505 39	974 15
24	Osnabrück mit Aurich	1 000 .	. .	37 204 73	. .	. .	257 58	494 88	1 706 83
25	Minden mit Münster	2 000 .	146 13	137 102 73	2 337 08	4 764 34	. .	859 37	2 895 21
26	Arnsberg	18 500 .	1 081 40	80 467 62	160 12	421 72	. .	658 58	3 033 02
27	Cassel	3 307 85	10 803 98	718 271 88	6 403 49	9 965 87	96 .	3 911 09	15 677 48
28	Wiesbaden	22 211 46	500 .	194 034 15	291 83	2 479 53	. .	2 546 92	8 799 17
29	Coblenz	100 .	. .	114 728 17	881 10	332 23	. .	729 97	1 425 12
30	Düsseldorf	. .	. .	69 773 16	8 85	481 72	. .	404 82	1 898 52
31	Cöln	1 000 .	. .	51 639 34	2 505 46	213 96	. .	1 032 81	110 75
32	Trier	15 881 90	. .	278 789 27	1 624 41	12 030 12	. .	2 582 68	2 974 28
33	Aachen	500 .	. .	241 513 08	5 327 10	2 306 35	. .	512 82	2 470 75
34	Sigmaringen	. .	. .	. .	. .	. .	. .	. .	. .
35	Generalstaatskasse	. .	. .	. .	. .	. .	. .	2 763 96	. .
36	Ministerial-, Militär- und Baukommission	. .	. .	. .	. .	. .	. .	. .	. .
	Zusammen	331 430 91	142 606 74	9 806 606 75	73 087 22	122 349 69	33 261 30	63 625 49	177 602 93

46b.

Ausgaben

Betrieb					Forstwissenschaftliche und Lehrzwecke				
Betriebskosten				Summe der Verwaltungs- und Betriebskosten (Spalten 27, 34 und 48)					Regierungsbezirk usw.
Vertilgung schädlicher Tiere		Holzverkaufs- und Verpachtungs- kosten, Vorflut-, Prozeß- und Druckkosten und andere vermischte Ausgaben		Zusammen (Spalten 35—47)		Besoldungen und andere persönliche Ausgaben	Sonstige Ausgaben	Zusammen (Spalten 50 und 51)	
ℳ	₰	ℳ	₰	ℳ	₰	ℳ	₰	ℳ	₰	ℳ	₰	ℳ	₰	
46.		47.		48.		49.		50.	51.	52.	
42 436	24	36 630	86	1 863 604	04	2 635 522	62	.	.	.	.	.	.	Königsberg.
60 465	46	63 563	77	2 121 664	74	3 019 912	40	.	.	.	.	.	.	Gumbinnen.
64 820	64	64 302	27	2 017 774	25	3 072 336	34	450	.	22	95	472	95	Allenstein.
18 495	90	49 151	49	1 243 179	78	2 010 010	95	.	.	.	.	.	.	Danzig.
47 388	46	78 722	63	2 284 019	59	3 778 778	22	400	.	116	18	516	18	Marienwerder.
60 432	32	103 236	74	2 864 518	50	4 309 688	70	100 140	28	113 111	92	213 252	20	Potsdam.
43 770	71	83 467	14	1 951 498	28	3 226 717	60	5 879	.	23 912	22	29 791	22	Frankfurt a. O.
3 433	42	35 539	78	1 201 445	31	2 017 282	31	.	.	.	.	.	.	Stettin.
6 359	09	23 898	83	654 234	28	1 138 458	64	.	.	.	.	.	.	Köslin.
2 177	18	11 418	55	418 628	66	666 039	52	.	.	.	.	.	.	Stralsund.
19 264	56	41 683	65	1 256 776	.	1 866 099	13	.	.	.	.	.	.	Posen.
28 777	99	23 876	65	1 035 585	08	1 778 646	86	3 500	.	28 462	24	31 962	24	Bromberg.
29 133	77	20 349	61	1 092 332	15	1 665 061	71	400	.	123	30	523	30	Breslau.
13 588	76	6 713	46	291 064	31	512 031	42	400	.	257	70	657	70	Liegnitz.
19 011	57	45 374	59	934 105	75	1 538 492	41	.	.	.	.	.	.	Oppeln.
24 436	67	24 396	26	788 178	47	1 344 926	24	.	.	.	.	.	.	Magdeburg.
26 215	65	40 957	20	1 062 708	07	1 734 162	82	450	.	249	91	699	91	Merseburg.
6 807	08	21 891	38	846 462	48	1 267 363	20	.	.	.	.	.	.	Erfurt.
8 599	42	23 705	97	600 207	78	999 718	40	400	.	34	66	434	66	Schleswig.
1 985	44	15 220	54	445 741	63	1 083 315	73	.	.	.	.	.	.	Hannover.
5 435	49	20 682	87	2 202 590	88	3 306 109	10	74 318	30	40 881	49	115 199	79	Hildesheim.
6 355	90	55 757	52	935 105	51	1 534 844	95	.	.	.	.	.	.	Lüneburg.
3 049	66	14 643	59	195 318	17	369 095	97	.	.	.	.	.	.	Stade.
2 501	60	33 916	57	175 697	60	312 538	72	.	.	.	.	.	.	Osnabrück mit Aurich.
3 464	95	22 000	63	667 047	73	1 065 377	.	500	.	94	35	594	35	Minden mit Münster.
4 735	95	8 346	83	384 401	74	641 558	22	.	.	.	.	.	.	Arnsberg.
13 610	03	66 200	57	2 655 122	37	4 899 253	78	5 274	.	25 791	70	31 065	70	Cassel.
2 924	79	21 860	05	859 322	60	1 811 755	52	3 850	.	35 101	80	38 951	80	Wiesbaden.
543	64	7 788	46	450 459	08	883 274	56	.	.	.	.	.	.	Coblenz.
329	20	17 463	59	242 565	45	459 695	82	.	.	.	.	.	.	Düsseldorf.
1 175	.	7 804	24	191 688	13	353 342	62	.	.	.	.	.	.	Cöln.
2 931	58	21 212	60	1 203 155	29	1 879 155	34	.	.	133	92	133	92	Trier.
6 198	39	22 460	97	701 166	27	1 016 002	23	.	.	.	.	.	.	Aachen.
.	.	142	51	477	21	33 699	21	.	.	.	.	.	.	Sigmaringen.
.	.	13 196	61	15 960	57	88 780	57	.	.	697	78	697	78	Generalstaatskasse.
.	.	20 900	.	20 900	.	20 900	.	.	.	.	.	.	.	Ministerial-, Militär- u. Baukommission.
580 856	51	1 168 478	98	35 874 707	75	58 339 948	83	195 961	58	268 992	12	464 953	70	Zusammen.

Zu Tafel

Laufende Nummer	Regierungsbezirk usw.	Dauernde Ausgaben							
		Allgemeine Ausgaben							
		Real- und Kommunallasten und Kosten der örtlichen Kommunal- und Polizeiverwaltung in fiskalischen Guts- und Amtsbezirken		Ablösungsrenten und zeitweise Vergütungen an Stelle von Naturalabgaben		Ausgaben auf Grund der Unfallversicherungsgesetze usw. sowie Beiträge zum Pensionskassenverbande für Gemeindeforstschutzbeamte im Regierungsbezirk Wiesbaden		Unterstützungen für ausgeschiedene Beamte sowie Pensionen und Unterstützungen für Wittwen und Waisen von Beamten		Kosten der Armenpflege, die der Forstverwaltung auf Grund rechtlicher Verpflichtung obliegt		Unterstützungen aus sonstiger Veranlassung einschließl. einmaliger Unterstützungen für Personen ohne Beamteneigenschaft, die im Dienste der Forstverwaltung beschäftigt sind, sowie für Hinterbliebene solcher Personen		Ankauf von Grundstücken zu den Forsten *) (Die schrägen Zahlen sind Minderbeträge)		Zusammen (Spalten 53 bis 59)	
		ℳ	₰	ℳ	₰	ℳ	₰	ℳ	₰	ℳ	₰	ℳ	₰	ℳ	₰	ℳ	₰
		53.		54.		55.		56.		57.		58.		59.		60.	
1	Königsberg	340 778	33	222 576	17	22 914	08	10 144	14	34 728	52	3 700	.	.	.	634 841	24
2	Gumbinnen	400 591	33	224 408	56	18 629	45	11 992	.	4 517	53	3 640	.	.	.	663 778	87
3	Allenstein	262 452	86	189 866	65	19 296	07	8 084	.	4 499	92	4 700	.	.	.	488 899	50
4	Danzig	72 503	15	31 046	47	17 527	90	4 915	50	5 406	38	2 200	.	.	.	133 599	40
5	Marienwerder	177 065	05	45 691	20	24 861	70	6 061	.	13 403	10	5 460	.	.	.	272 542	05
6	Potsdam	571 518	41	76 066	36	37 963	99	28 299	42	8 683	47	4 135	.	.	.	726 666	65
7	Frankfurt a. O.	226 039	31	13 339	11	20 303	28	8 825	27	7 275	40	3 305	.	.	.	279 287	37
8	Stettin	114 253	73	78 043	31	17 651	07	7 158	67	3 289	47	2 010	.	.	.	222 406	25
9	Köslin	46 353	48	1 227	92	6 607	40	2 633	.	2 452	30	1 200	.	830	66	59 643	44
10	Stralsund	53 260	.	4 346	09	7 310	13	2 005	.	1 957	10	479	30	.	.	69 357	62
11	Posen	43 746	80	3 039	56	7 846	24	3 304	99	5 259	31	2 000	.	.	.	65 196	90
12	Bromberg	58 055	72	5 949	26	10 352	11	5 136	.	3 580	86	1 491	.	.	.	84 564	95
13	Breslau	116 191	86	31 666	07	16 385	90	7 018	17	362	57	2 100	.	520	40	174 244	97
14	Liegnitz	30 980	59	7 911	07	3 319	12	4 950	.	180	.	400	.	.	.	47 740	78
15	Oppeln	147 234	75	12 014	92	12 830	04	6 803	.	302	40	1 549	.	.	.	180 734	11
16	Magdeburg	91 507	.	8 391	12	14 232	65	4 149	.	144	.	1 500	.	.	.	119 923	77
17	Merseburg	77 153	30	16 127	39	8 037	58	5 534	.	109	50	1 898	.	.	.	108 859	77
18	Erfurt	49 234	82	12 910	79	8 378	23	2 282	50	.	.	1 150	.	.	.	73 956	34
19	Schleswig	42 049	13	16 824	20	9 047	11	3 543	90	1 392	85	900	.	.	.	73 757	19
20	Hannover	55 624	52	74 157	56	8 945	14	7 590	.	.	.	800	.	.	.	147 117	22
21	Hildesheim	201 478	02	118 475	41	22 035	41	6 843	.	38 608	18	2 547	14	.	.	389 987	16
22	Lüneburg	127 683	10	14 110	83	10 808	52	3 836	.	109	50	1 200	.	.	.	157 747	95
23	Stade	33 111	24	4 213	32	2 658	77	720	.	.	.	400	.	.	.	41 103	33
24	Osnabrück mit Aurich	22 803	41	3 726	18	2 547	16	662	.	.	.	420	.	.	.	30 158	75
25	Minden mit Münster	93 753	81	7 963	56	7 013	23	2 862	.	.	.	879	.	.	.	112 471	60
26	Arnsberg	58 964	28	3 041	65	5 582	88	1 500	20	.	.	500	.	.	.	69 589	01
27	Cassel	172 609	42	12 339	82	43 318	84	17 830	97	257	10	3 580	.	.	.	249 936	15
28	Wiesbaden	130 036	57	17 599	96	13 951	22	5 946	.	.	.	1 200	.	.	.	168 733	75
29	Coblenz	57 698	08	8 534	15	8 653	21	1 040	.	.	.	800	.	.	.	76 725	44
30	Düsseldorf	73 828	04	8 555	08	2 807	40	1 890	.	.	.	390	.	.	.	87 470	52
31	Cöln	34 140	96	4 858	96	1 470	70	1 912	50	.	.	300	.	.	.	42 683	12
32	Trier	200 031	78	47 792	80	12 867	41	1 705	.	.	.	1 599	40	.	.	263 996	39
33	Aachen	63 376	39	11 073	04	5 920	32	1 240	.	.	.	700	.	.	.	82 309	75
34	Sigmaringen	.	.	1 500	.	.	.	300	.	.	.	.	.	.	.	1 800	.
35	Generalstaatskasse	.	.	.	.	.	.	.	.	.	.	.	.	.	.	.	.
36	Ministerial-, Militär- u. Baukommission	.	.	.	.	.	.	7 426	.	.	.	360	.	.	.	7 786	.
	Zusammen	4 246 109	24	1 339 388	54	432 074	26	196 143	23	136 519	46	59 692	84	310	26	6 409 617	31

*) S. Spalte 64.

46 b.

Betrag der dauernden Ausgaben (Spalten 49, 52 und 60)		Reinertrag ohne Berücksichtigung der einmaligen Ausgaben (Spalte 11 weniger 61) *Die schrägen Zahlen sind Minuszahlen*		Einmalige und außerordentliche sowie außeretatsmäßige Ausgaben												Regierungsbezirk usw.
				Ablösung von Forstservituten, Reallasten und Passivrenten		Ankauf von Grundstücken zu den Forsten		Erste Einrichtung angekaufter Grundstücke, Vorbereitung und Ausführung des Verkaufs von Forstgrundstücken		Versuchsweise Beschaffung von Insthäusern für Arbeiter		Gewährung von Baudarlehen an Arbeiter auf forstfiskalischen Pachtgrundstücken		Außerordentlicher Zuschuß zum Wegebaufonds		
ℳ	₰	ℳ	₰	ℳ	₰	ℳ	₰	ℳ	₰	ℳ	₰	ℳ	₰	ℳ	₰	
61.		62.		63.		64.		65.		66.		67.		68.		
3 270 363	86	3 787 592	06	738 959	28	5 117	.	.	.	14 945	18	.	.	75 953	06	Königsberg.
3 683 691	27	2 490 117	91	1 022 017	94	69 338	16	7 672	20	21 646	45	16 670	.	38 105	23	Gumbinnen.
3 561 708	79	7 793 161	57	882 627	03	659 444	62	113 059	98	20 123	31	.	.	83 300	.	Allenstein.
2 143 610	35	2 539 035	03	3 900	.	21 949	25	44 516	71	9 849	32	.	.	27 949	64	Danzig.
4 051 836	45	8 712 563	89	13 698	41	515 466	78	251 195	64	18 698	60	.	.	463 535	46	Marienwerder.
5 249 607	55	12 188 026	35	250 000	.	51 675	71	118 327	91	.	.	.	.	502 983	71	Potsdam.
3 535 796	19	7 996 860	36	9 464	15	270 834	40	36 410	34	11 999	55	.	.	108 037	76	Frankfurt a. O.
2 239 688	56	5 525 606	11	.	.	152 122	51	3 134	46	23 279	25	.	.	49 259	15	Stettin.
1 198 102	08	1 445 922	97	7 197	.	1 276 038	06	54 228	02	21 688	85	.	.	37 236	76	Köslin.
735 397	14	567 157	08	24 042	67	.	.	.	.	9 825	40	.	.	24 298	67	Stralsund.
1 931 296	03	3 250 702	65	1 115	.	73 080	68	30 474	43	7 360	47	.	.	39 520	.	Posen.
1 895 174	05	4 285 670	72	22 638	.	25 230	36	5 174	97	1 980	.	.	.	13 518	79	Bromberg.
1 839 829	98	4 382 952	94	2 311	86	1 600	.	.	.	.	.	.	.	26 282	81	Breslau.
560 429	90	1 228 127	79	7 879	71	1 476	47	.	.	8 356	68	.	.	.	.	Liegnitz.
1 719 226	52	4 654 840	82	97	20	999 655	69	58 888	31	.	.	.	.	31 371	88	Oppeln.
1 464 850	01	1 888 099	63	2 730	.	29 560	48	.	.	.	.	.	.	11 948	98	Magdeburg.
1 843 722	50	3 587 554	97	.	.	49 807	40	.	.	.	.	.	.	26 102	44	Merseburg.
1 341 319	54	2 498 167	92	26 929	79	77 316	72	6 268	42	9 653	02	.	.	17 172	48	Erfurt.
1 073 910	25	1 037 351	56	.	.	7 452	84	2 289	15	.	.	.	.	10 698	74	Schleswig.
1 230 432	95	746 365	63	500	.	25 244	25	.	.	.	.	.	.	3 544	30	Hannover.
3 811 296	05	4 062 403	99	.	.	3 038	90	5 996	36	.	.	.	.	42 750	01	Hildesheim.
1 692 592	90	2 003 346	63	2 269	01	23 950	.	.	.	.	.	.	.	8 724	67	Lüneburg.
410 199	30	302 575	67	.	.	.	.	.	.	.	.	.	.	587	77	Stade.
342 697	47	186 106	99	.	.	.	.	.	.	.	.	.	.	300	.	Osnabrück mit Aurich.
1 178 442	95	1 286 962	50	815	70	309	.	.	.	.	.	.	.	11 247	16	Minden mit Münster.
711 147	23	774 497	60	6 081	.	71 388	66	.	.	.	.	.	.	5 900	.	Arnsberg.
5 180 255	63	3 640 195	73	10 689	62	30 389	12	.	.	.	.	.	.	43 046	46	Cassel.
2 019 441	07	560 755	89	50 000	.	6 400	94	.	.	.	.	.	.	1 099	87	Wiesbaden.
960 000	.	276 354	88	.	.	103 982	59	.	.	.	.	.	.	11 815	15	Coblenz.
547 166	34	1 468 897	32	.	.	16 120	.	1 518	93	.	.	.	.	8 226	32	Düsseldorf.
396 025	74	289 105	97	.	.	36 327	48	.	.	.	.	.	.	1 185	26	Cöln.
2 143 285	65	1 443 137	91	.	.	79 253	54	.	.	.	.	.	.	32 567	79	Trier.
1 098 311	98	513 732	37	.	.	77 733	36	729	44	.	.	.	.	.	.	Aachen.
35 499	21	*22 437*	*34*	.	.	11 327	75	.	.	.	.	.	.	.	.	Sigmaringen.
89 478	35	*35 194*	*35*	.	.	.	.	101 224	97	.	.	.	.	.	.	Generalstaatskasse.
28 686	.	248 962	44	.	.	.	.	407 780	81	.	.	.	.	.	.	Ministerial-, Militär- u. Baukommission.
65 214 519	84	97 605 282	16	3 085 963	37	4 772 632	72	1 248 891	05	179 406	08	16 670	.	1 758 270	32	Zusammen.

Zu Tafel 46b.

Laufende Nummer	Regierungsbezirk usw.	Einmalige und außerordentliche sowie außeretatsmäßige Ausgaben							Bleibt Reinertrag (Spalte 62 weniger 74) Die schrägen Zahlen sind Minuszahlen		Der Reinertrag (Spalte 75) beträgt wieviel vom Hundert des Rohertrages (Spalte 11)
		Außerordentlicher Zuschuß zum Beihilfenfonds für Wegebauten usw.		Herstellung von Fernsprechanlagen		Anlage von Kleinbahnen		Ankauf und erste Einrichtung von Gütern in den Provinzen Westpreußen und Posen als Grundstücke zu den Forsten		Mehrausgaben infolge vorzeitiger Besetzung einer Försterstelle		Zusammen (Spalten 63—73)				
		ℳ	₰	ℳ	₰	ℳ	₰	ℳ	₰	ℳ	₰	ℳ	₰	ℳ	₰	
		69.		70.		71.		72.		73.		74.		75.		76.
1	Königsberg	32 546	.	33 038	43	.		.		.		900 558	95	2 887 033	11	41
2	Gumbinnen	35 000	.	6 999	84	6 000		.		.		1 223 449	82	1 266 668	09	21
3	Allenstein	7 800	.	16 649	89	.		.		.		1 783 004	83	6 010 156	74	53
4	Danzig	13 500	.	6 390	.	.		22 996	75	.		151 051	67	2 387 983	36	51
5	Marienwerder	145 963	50	37 973	69	.		527 459	17	.		1 973 991	25	6 738 572	64	53
6	Potsdam	43 800	.	13 469	61	.		.		.		980 256	94	11 207 769	41	64
7	Frankfurt a. O.	12 500	.	16 571	37	.		.		.		465 817	57	7 531 042	79	65
8	Stettin	8 000	.	8 431	91	25 000		.		.		269 227	28	5 256 378	83	68
9	Köslin	21 087	25	8 676	61	.		.		.		1 426 152	55	19 770	42	1
10	Stralsund	.		.		.		.		.		58 166	74	508 990	34	39
11	Posen	.		5 409	90	.		184 387	73	.		341 348	21	2 909 354	44	56
12	Bromberg	.		8 817	12	.		264 408	59	.		341 767	83	3 943 902	89	64
13	Breslau	10 000	.	.		.		.		624		40 818	67	4 342 134	27	70
14	Liegnitz	.		.		.		.		.		17 712	86	1 210 414	93	68
15	Oppeln	.		2 960	.	.		.		.		1 092 973	08	3 561 867	74	56
16	Magdeburg	.		5 000	.	.		.		.		49 239	46	1 838 860	17	55
17	Merseburg	.		7 865	.	.		.		.		89 866	52	3 497 688	45	64
18	Erfurt	.		240	.	13 500		.		.		144 988	75	2 353 179	17	61
19	Schleswig	.		2 252	.	.		.		.		22 692	73	1 014 658	83	48
20	Hannover	.		.		.		.		.		29 288	55	717 077	08	36
21	Hildesheim	.		2 360	.	.		.		.		54 145	27	4 008 258	72	51
22	Lüneburg	.		697	53	.		.		.		35 641	21	1 967 705	42	53
23	Stade	.		.		.		.		.		587	77	301 987	90	42
24	Osnabrück mit Aurich	.		.		.		.		.		300	.	185 806	99	35
25	Minden mit Münster	.		2 750	.	.		.		.		15 121	86	1 271 840	64	52
26	Arnsberg	.		95	.	.		.		.		83 464	66	691 032	94	47
27	Cassel	.		2 575	.	.		.		.		86 700	20	3 553 495	53	40
28	Wiesbaden	.		7 090	.	.		.		.		64 590	81	496 165	08	19
29	Coblenz	.		1 481	28	.		.		.		117 279	02	159 075	86	13
30	Düsseldorf	.		.		.		.		.		25 865	25	1 443 032	07	72
31	Cöln	.		.		.		.		.		37 512	74	251 593	28	37
32	Trier	.		1 237	82	.		.		.		113 059	15	1 330 078	76	37
33	Aachen	.		5 280	87	.		.		.		83 743	67	429 988	70	27
34	Sigmaringen	.		.		.		.		.		11 327	75	*33 765*	*09*	.
35	Generalstaatskasse	.		.		.		.		.		101 224	97	*136 419*	*32*	.
36	Ministerial-, Militär- u. Baukommission	.		.		.		.		.		407 780	81	*158 818*	*37*	.
	Zusammen	330 196	75	204 312	87	44 500	.	999 252	24	624	.	12 640 719	40	84 964 562	76	52

Tafel 46c.

Nachweisung der Einnahmen und Ausgaben der Staatsforstverwaltung im Etatsjahre und Forstwirtschaftsjahre 1912.

Laufende Nummer	Regierungsbezirk	Flächeninhalt			Isteinnahme, ausschl. der Einnahme für Jagd und verkaufte Forstgrundstücke		Istausgabe, ausschl. der Ausgaben für Kassenführung, Jagd, forstwissenschaftliche und Lehrzwecke und für den Ankauf von Grundstücken				Überschuß	
		Holzboden	Nichtholzboden	Gesamtfläche (Sp 1+2)	im ganzen	für 1 ha der Gesamtfläche (Sp. 3)	Personalaufwand für Verwaltung und Schutz	Aufwand für den Betrieb	im ganzen (Sp. 6+7)	v. H. der Einnahme	im ganzen (Sp. 4 weniger 8)	für 1 ha der Gesamtfläche (Sp. 3)
		Hektar			Mark	ℳ | ₰	Mark				Mark	ℳ | ₰
		1.	2.	3.	4.	5.	6.	7.	8.	9.	10.	11.
1	Königsberg	100 752	35 830	136 582	7 035 416	51 | 51	877 254	3 237 333	4 114 587	58	2 920 829	21 | 39
2	Gumbinnen	126 397	36 548	162 945	6 067 726	37 | 24	1 022 631	3 747 298	4 769 929	79	1 297 797	7 | 96
3	Allenstein	190 239	42 802	233 041	11 306 739	48 | 52	1 233 281	3 383 097	4 616 378	42	6 690 361	28 | 71
4	Danzig	124 587	16 488	141 075	4 665 769	33 | 07	850 998	1 370 272	2 221 270	48	2 444 499	17 | 33
5	Marienwerder	255 539	33 655	289 194	12 725 532	44 | .	1 683 664	3 217 122	4 900 786	39	7 824 746	27 | 06
6	Potsdam	204 418	21 748	226 166	13 703 165	60 | 59	1 657 393	4 224 823	5 882 216	43	7 820 949	34 | 63
7	Frankfurt a. O.	191 339	16 185	207 524	11 371 423	54 | 80	1 405 275	2 219 690	3 624 965	32	7 746 458	37 | 33
8	Stettin	107 764	12 234	119 998	7 436 718	61 | 97	870 120	1 430 386	2 300 506	31	5 136 212	42 | 80
9	Köslin	79 058	8 555	87 613	2 604 472	29 | 73	617 818	714 783	1 332 601	51	1 271 871	14 | 52
10	Stralsund	25 622	3 186	28 808	1 289 421	44 | 76	275 059	500 863	775 922	60	513 499	17 | 82
11	Posen	97 340	10 365	107 705	5 158 669	47 | 90	718 325	1 265 921	1 984 246	38	3 174 423	29 | 47
12	Bromberg	126 081	13 343	139 424	5 780 812	41 | 46	816 590	1 060 630	1 877 220	32	3 903 592	28 | .
13	Breslau	58 621	5 151	63 772	6 191 328	97 | 09	634 817	1 207 981	1 842 798	30	4 348 530	68 | 19
14	Liegnitz	23 475	1 406	24 881	1 775 513	71 | 36	251 315	315 430	566 745	32	1 208 768	48 | 58
15	Oppeln	73 225	4 478	77 703	6 340 657	81 | 60	719 829	1 059 507	1 779 336	28	4 561 321	58 | 70
16	Magdeburg	63 448	6 147	69 595	3 176 535	45 | 64	596 640	852 523	1 449 163	46	1 727 372	24 | 82
17	Merseburg	71 805	6 940	78 745	5 149 046	65 | 39	744 411	1 092 625	1 837 036	36	3 312 010	42 | 06
18	Erfurt	37 610	1 422	39 032	3 816 709	97 | 78	476 799	910 500	1 387 299	36	2 429 410	62 | 24
19	Schleswig	37 277	6 975	44 252	1 872 101	42 | 31	456 120	621 221	1 077 341	58	794 760	17 | 96
20	Hannover	27 389	2 605	29 994	1 675 339	55 | 86	436 486	540 621	977 107	58	698 232	23 | 28
21	Hildesheim	99 894	4 300	104 194	7 810 883	74 | 96	1 194 301	2 489 209	3 683 510	47	4 127 373	39 | 61
22	Lüneburg	75 252	7 300	82 552	3 556 120	43 | 08	663 539	1 024 269	1 687 808	47	1 868 312	22 | 63
23	Stade	17 372	3 652	21 024	699 139	33 | 25	189 214	218 198	407 412	58	291 727	13 | 88
24	Osnabrück mit Aurich	13 664	2 573	16 237	526 961	32 | 45	151 063	189 108	340 171	65	186 790	11 | 50
25	Minden mit Münster	34 679	1 509	36 188	2 454 170	67 | 82	433 954	741 811	1 175 765	48	1 278 405	35 | 33
26	Arnsberg	24 236	890	25 126	1 443 223	57 | 44	299 158	411 671	710 829	49	732 394	29 | 15
27	Cassel	201 099	6 982	208 081	8 518 175	40 | 94	2 400 201	2 748 462	5 148 663	60	3 369 512	16 | 19
28	Wiesbaden	51 862	1 655	53 517	2 494 610	46 | 61	1 017 726	980 854	1 998 580	80	496 030	9 | 26
29	Coblenz	29 943	895	30 838	1 222 078	39 | 63	462 017	497 730	959 747	79	262 331	8 | 51
30	Düsseldorf	16 626	2 146	18 772	1 149 008	61 | 21	244 851	300 185	545 036	47	603 972	32 | 17
31	Cöln	13 794	1 013	14 807	622 708	42 | 05	179 501	215 962	395 463	64	227 245	15 | 35
32	Trier	64 532	2 208	66 740	3 562 531	53 | 38	755 082	1 390 629	2 145 711	60	1 416 820	21 | 23
33	Aachen	34 282	1 256	35 538	1 580 803	44 | 48	392 181	705 452	1 097 633	69	483 170	13 | 60
	Zusammen	2 699 221	322 442	3 021 663	154 783 499	51 | 22	24 727 613	44 886 166	69 613 779	45	85 169 720	28 | 19

46c

Unter der Einnahme (Spalte 4) sind begriffen:									Unter dem Personalaufwand (Spalte 6) sind enthalten:			
Ißteinnahme für Holz und Rinde						Ißteinnahme aus Forstnebennutzungen (Kap. 2, Tit. 2 + 4)	Beiträge Dritter zur Besoldung der Beamten	für die **örtliche** Verwaltung (höhere Beamte)			für Forstschutz usw. (mittl. u. Unterbeamte)	
im ganzen	für 1 ha Holzboden (Sp. 1)		Davon für					im ganzen	für 1 ha der Gesamtfläche (Sp. 3)		im ganzen	für 1 ha der Gesamtfläche (Sp. 3)	
			Nutzholz (einschl. Nutzrinde)		Brennholz (einschl. Brennrinde)								
Mark	ℳ	₰	Mark	v. H.	Mark	v. H.	Mark	Mark	Mark	ℳ	₰	Mark	ℳ	₰
12.	13.		14.	15.	16.	17.	18.	19.	20.	21.		22.	23.	
6 536 828	64	88	4 247 038	65	2 289 790	35	461 207	4 500	285 519	2	09	546 955	4	.
5 372 173	42	50	3 955 326	74	1 416 847	26	676 642	.	258 597	1	59	718 159	4	41
10 788 193	56	71	9 797 798	91	990 395	9	492 951	.	319 653	1	37	852 722	3	66
4 436 828	35	61	3 664 332	83	772 496	17	213 503	.	215 229	1	53	593 978	4	21
12 150 493	47	55	10 577 932	87	1 572 561	13	535 283	.	404 421	1	40	1 185 280	4	10
12 577 507	61	53	10 323 884	82	2 253 623	18	587 943	.	540 785	2	39	1 054 311	4	66
10 949 316	57	22	9 743 665	89	1 205 651	11	372 525	.	418 756	2	02	915 829	4	41
7 087 779	65	77	5 889 521	83	1 198 258	17	317 034	.	269 912	2	25	550 008	4	58
2 475 562	31	31	1 779 455	72	696 107	28	121 734	.	141 878	1	62	432 534	4	94
1 209 083	47	19	924 578	76	284 505	24	78 571	.	65 131	2	26	194 558	6	75
4 903 180	50	37	4 202 545	86	700 635	14	241 184	.	198 306	1	84	480 038	4	46
5 477 647	43	45	4 488 828	82	988 819	18	276 463	.	219 474	1	57	551 654	3	96
5 963 824	101	74	5 232 862	88	730 962	12	215 831	.	171 631	2	69	424 191	6	65
1 735 464	73	93	1 582 143	91	153 321	9	37 784	.	60 244	2	42	175 591	7	06
6 171 661	84	28	5 665 597	92	506 064	8	139 700	.	183 824	2	37	515 068	6	63
2 862 165	45	11	2 315 201	81	546 964	19	302 045	.	171 751	2	47	393 507	5	65
4 734 263	65	93	3 906 333	83	827 930	17	387 537	.	186 427	2	37	520 547	6	61
3 751 102	99	74	3 118 928	83	632 174	17	46 437	.	114 210	2	93	330 759	8	47
1 761 867	47	26	1 160 541	66	601 326	34	96 140	.	139 342	3	15	283 824	6	41
1 603 045	58	53	1 228 497	77	374 548	23	52 670	6 158	164 099	5	47	236 455	7	88
7 457 337	74	65	6 336 093	85	1 121 244	15	308 958	6 671	381 205	3	66	732 463	7	03
3 329 234	44	24	2 837 343	85	491 891	15	209 255	.	197 003	2	39	421 254	5	10
668 738	38	50	570 109	85	98 629	15	29 440	.	60 135	2	86	112 859	5	37
481 669	35	25	406 520	84	75 149	16	44 856	.	40 251	2	48	95 466	5	88
2 390 529	68	93	1 854 934	78	535 595	22	45 155	1 907	120 610	3	33	288 804	7	98
1 372 682	56	64	1 120 263	82	252 419	18	25 184	6 061	109 263	4	35	159 353	6	34
8 069 797	40	13	5 584 772	69	2 485 025	31	295 697	63 972	786 619	3	78	1 498 036	7	20
2 213 419	42	68	1 089 864	49	1 123 555	51	145 643	106 429	475 095	8	88	467 797	8	74
1 159 787	38	73	637 883	55	521 904	45	30 960	28 115	105 457	3	42	309 550	10	04
867 392	52	17	756 387	87	111 005	13	225 275	.	53 020	2	82	176 131	9	38
514 476	37	30	452 372	88	62 104	12	91 513	2 580	50 124	3	39	112 499	7	60
3 380 257	52	38	2 299 144	68	1 081 113	32	163 130	1 767	184 154	2	76	513 055	7	69
1 553 850	45	33	1 426 505	92	127 345	8	16 085	1 251	91 055	2	56	263 716	7	42
146 007 147	54	09	119 177 193	82	26 829 954	18	7 284 335	229 411	7 183 180	2	38	16 106 951	5	33

Tafel 46d.
Nachweisung über die Reinerträge der Staatsforsten im Etatsjahre 1912.

Laufende Nummer	Regierungsbezirk	Gesamt- fläche	Isteinnahme, ausschl. des Erlöses für verkaufte Forstgrundstücke				Istausgabe, ausschl. der Ausgabe in der Spalte 10				Mithin Reinertrag (Spalte 4 weniger 6)				Außerdem sind ausgegeben unter Kap. 3 u. Kap. 4 Tit. 7 der dauernden sowie unter Kap. 2 Tit. 2a der einmal. u. außerordentl. Ausgaben	
			im ganzen		für 1 ha		im ganzen		für 1 ha		im ganzen		für 1 ha			
		ha	ℳ	₰	ℳ	₰	ℳ	₰	ℳ	₰	ℳ	₰	ℳ	₰	ℳ	₰
1.	2.	3.	4.		5.		6.		7.		8.		9.		10.	
1	Königsberg	136 582	7 057 955	92	51	68	4 165 805	81	30	50	2 892 150	11	21	18	5 117	.
2	Gumbinnen	162 945	6 095 339	18	37	41	4 837 802	93	29	69	1 257 536	25	7	72	69 338	16
3	Allenstein	233 041	11 331 995	17	48	63	4 684 796	05	20	10	6 647 199	12	28	53	659 917	57
4	Danzig	141 075	4 678 218	38	33	16	2 249 716	02	15	95	2 428 502	36	17	21	21 949	25
5	Marienwerder	289 194	12 763 883	34	44	14	4 982 385	57	17	23	7 781 497	77	26	91	515 982	96
6	Potsdam	226 166	13 783 299	50	60	94	5 964 936	58	26	37	7 818 362	92	34	57	264 927	91
7	Frankfurt a. O.	207 524	11 409 367	51	54	98	3 700 988	14	17	83	7 708 379	37	37	14	300 625	62
8	Stettin	119 998	7 465 940	67	62	22	2 356 793	33	19	64	5 109 147	34	42	58	152 122	51
9	Köslin	87 613	2 617 927	55	29	88	1 349 047	23	15	40	1 268 880	32	14	48	1 275 207	40
10	Stralsund	28 808	1 302 554	22	45	22	793 563	88	27	55	508 990	34	17	67	.	.
11	Posen	107 705	5 181 359	40	48	11	2 015 175	83	18	71	3 166 183	57	29	40	73 080	68
12	Bromberg	139 424	5 800 227	69	41	60	1 915 340	69	13	74	3 884 887	.	27	86	57 192	60
13	Breslau	63 772	6 216 226	52	97	48	1 878 004	95	29	45	4 338 221	57	68	03	2 643	70
14	Liegnitz	24 881	1 779 710	37	71	53	576 008	59	23	15	1 203 701	78	48	38	2 134	17
15	Oppeln	77 703	6 366 471	34	81	93	1 812 543	91	23	33	4 553 927	43	58	61	999 655	69
16	Magdeburg	69 595	3 215 361	14	46	20	1 484 528	99	21	33	1 730 832	15	24	87	29 560	48
17	Merseburg	78 745	5 180 797	47	65	79	1 883 081	71	23	91	3 297 715	76	41	88	50 507	31
18	Erfurt	39 032	3 825 640	55	98	01	1 408 991	57	36	10	2 416 648	98	61	91	77 316	72
19	Schleswig	44 252	1 893 572	02	42	79	1 088 715	48	24	60	804 856	54	18	19	7 887	50
20	Hannover	29 994	1 689 184	03	56	32	992 059	77	33	08	697 124	26	23	24	25 244	25
21	Hildesheim	104 194	7 845 156	04	75	29	3 747 202	63	35	96	4 097 953	41	39	33	118 238	69
22	Lüneburg	82 552	3 573 559	53	43	29	1 704 284	11	20	64	1 869 275	42	22	64	23 950	.
23	Stade	21 024	704 198	57	33	49	410 787	07	19	54	293 411	50	13	96	.	.
24	Osnabrück mit Aurich	16 237	528 804	46	32	57	342 997	47	21	12	185 806	99	11	44	.	.
25	Minden mit Münster	36 188	2 465 070	52	68	12	1 192 661	46	32	96	1 272 409	06	35	16	903	35
26	Arnsberg	25 126	1 455 633	33	57	93	723 223	23	28	78	732 410	10	29	15	71 388	66
27	Cassel	208 081	8 565 808	24	41	17	5 205 501	01	25	02	3 360 307	23	16	15	61 454	82
28	Wiesbaden	53 517	2 516 829	56	47	03	2 038 679	14	38	09	478 150	42	8	93	45 352	74
29	Coblenz	30 838	1 236 237	18	40	09	973 296	43	31	56	262 940	75	8	53	103 982	59
30	Düsseldorf	18 772	1 163 490	16	61	98	556 911	59	29	67	606 578	57	32	31	16 120	.
31	Cöln	14 807	643 535	91	43	46	397 211	.	26	83	246 324	91	16	64	36 327	48
32	Trier	66 740	3 580 297	74	53	65	2 176 957	34	32	62	1 403 340	40	21	03	79 387	46
33	Aachen	35 538	1 593 869	27	44	85	1 104 322	29	31	07	489 546	98	13	78	77 733	36
	Zusammen	3 021 663	155 527 522	48	51	47	70 714 321	80	23	40	84 813 200	68	28	07	5 225 250	63

Tafel 47.
Gegenüberstellung der Einnahmen und Ausgaben für Torfgräbereien der Staatsforstverwaltung in den Etatsjahren 1909–1912.

Jahr	Einnahme Mark	Ausgabe (Betriebskosten ausschl. Besoldungen) Mark	Überschuß Mark	Jahr	Einnahme Mark	Ausgabe (Betriebskosten ausschl. Besoldungen) Mark	Überschuß Mark
1909	153 127	36 450	116 677	1911	139 455	33 811	105 644
1910	135 635	33 465	102 170	1912	140 894	33 261	107 633

Tafel 49.
Übersicht über die auf 1 ha der nutzbaren Fläche (von 1910 ab der Gesamtfläche) entfallenden dauernden Ausgaben der Staatsforstverwaltung für die Etatsjahre 1908–1912 in Mark.

Laufende Nummer	Etats- jahr	Verwaltungskosten				Betriebskosten					Ausgaben zu forst- wissen- schaftlichen und Lehr- zwecken	Zu- sammen (Spalten 6 + 11 + 12)
		Unter- haltung der Forst- beamten: Besoldung, Dienstauf- wand, Wohnung	Unter- stützung der Beamten und ihrer Hinter- bliebenen	Kosten der Geld- erhebung und Aus- zahlung	Zu- sammen (Spalten 3–5)	Kosten für Werbung und Verbringen von Holz und anderen Forst- erzeugnissen	Kulturen und Betriebs- ein- richtungen	Steuern, Abgaben, Renten	Sonstige Aus- gaben (von 1911 ab ausschl. der Ausgaben für den Ankauf von Grund- stücken)	Zu- sammen (Spalten 7–10)		
1.	2.	3.	4.	5.	6.	7.	8.	9.	10.	11.	12.	13.
1	1908	7,32	0,16	0,31	7,79	5,59	2,97	1,78	4,13	14,47	0,14	22,40
2	1909	8,18	0,13	0,33	8,64	6,14	3,14	1,61	3,18	14,07	0,14	22,85
3	1910	7,96	0,13	0,30	8,39	7,34	3,07	1,80	3,66	15,87	0,13	24,39
4	1911	8,04	0,12	0,33	8,49	5,90	3,00	1,63	2,87	13,40	0,15	22,04
5	1912	8,03	0,14	0,31	8,51	6,02	3,27	1,69	3,13	14,11	0,15	22,77

Tafel 52a.
Nachweisung der während des Jahres 1913 vorgekommenen erheblicheren Brände in den Staatswaldungen und der hierdurch vernichteten Holzbestände.

Laufende Nummer	Provinz	Zahl der Brände	Es ist vernichtet			
			der Bestand ganz oder zum größten Teil ha	der Bestand nur zum kleinen Teil ha	nur die Bodendecke ha	Gesamtfläche ha
1	Ostpreußen	1	9,0	.	6,3	15,3
2	Westpreußen	1	10,6	.	.	10,6
3	Brandenburg	1	.	16,8	25,4	42,2
4	Pommern	4	52,4	17,2	.	69,6
5	Posen	.	.	.	.	.
6	Schlesien	1	.	4,0	.	4,0
7	Sachsen	.	.	.	.	.
8	Schleswig-Holstein	.	.	.	.	.
9	Hannover	3	3,0	.	25,0	28,0
10	Westfalen mit Schaumburg	.	.	.	.	.
11	Hessen-Nassau ohne Schaumburg	.	.	.	.	.
12	Rheinprovinz	1	5,0	.	.	5,0
	Zusammen	12	80,0	38,0	56,7	174,7

Tafel 54 b.

Vergleichung des Flächeninhalts, des Holzeinschlags, der Einnahme, der Ausgabe und des Reinertrags der Staatsforsten in den Jahren 1908—1912 mit den Ergebnissen des Jahres 1868, letztere gleich 100 gerechnet.

Etatsjahr	Gesamtfläche	Holzeinschlag		Rohertrag			Dauernde Ausgabe							Summe der dauernden Ausgaben	Reinertrag (ohne Berücksichtigung der einmaligen und außerordentlichen Ausgaben)
							Persönliche Kosten	Sächliche Kosten					Zu forstwissenschaftlichen und Lehrzwecken		
		Derbholz	Stockholz und Reisig	Für Holz	Sonstige Einnahmen	Zusammen		Werbungs- usw. Kosten	Kultur- usw. Kosten	Steuern und Renten	Sonstige Ausgaben	Zusammen			
1.	2.	3.	4.	5.	6.	7.	8.	9.	10.	11.	12.	13.	14.	15.	16.
1908	113,3	205	110	305	169	290	256	265	330	522	345	326	522	294	287
1909	114,2	225	115	312	177	298	305	294	352	475	268	268	541	333	264
1910	115,0	283	108	327	186	310	291	369	362	559	331	372	516	340	277
1911	115,5	233	103	407	219	408	290	298	355	508	204	300	581	297	472
1912	116,0	239	99	404	209	398	292	305	389	530	191	308	611	303	446

Tafel 56 b u. c.

Nachweisung über die Zahl der Studierenden der Forstakademien in Eberswalde und Münden im Sommerhalbjahr 1913 und im Winterhalbjahr 1913/14.

Halbjahr	Studierende, die den Vorbedingungen für den Eintritt in die Preußische Forstverwaltungs-Laufbahn Genüge geleistet hatten						Studierende, die den Vorbedingungen für den Eintritt in die Preußische Forstverwaltungs-Laufbahn nicht Genüge geleistet hatten und Hospitanten				Zusammen Studierende
	Zivil-Forstbeflissene	Angehörige		Zusammen	Davon waren		Preußen	Angehörige anderer deutscher Staaten	Ausländer	Zusammen	
		des Reitenden Feldjägerkorps	der Jäger-Bataillone		Preußen	Angehörige anderer deutscher Staaten					
1.	2.	3.	4.	5.	6.	7.	8.	9.	10.	11.	12.
a) Eberswalde.											
Sommer 1913	25	11	.	36	36	.	8	7	9	24	60
Winter 1913/14	26	9	.	35	35	.	10	6	7	23	58
b) Münden.											
Sommer 1913	48	9	.	57	55	2	8	9	4	21	78
Winter 1913/14	61	8	.	69	69	.	8	10	1	19	88

Tafel 56 d.

Nachweisung der an den Königlichen Forstlehrlingsschulen Preußens geprüften Försteranwärter.

Es wurden geprüft am Schlusse des Schuljahres	Steinbusch (Reg.-Bez. Frankfurt a. O.)	Margoninsdorf (Reg.-Bez. Bromberg)		Spangenberg (Reg.-Bez. Cassel)		Hachenburg (Reg.-Bez. Wiesbaden)	
	Anwärter für den	Anwärter für den		Anwärter für den		Anwärter für den	
	preußischen Staatsdienst	preußischen Staatsdienst	nichtpreußischen Staatsdienst	preußischen Staatsdienst	nichtpreußischen Staatsdienst	preußischen Staatsdienst	Gemeindedienst
	Zahl der geprüften Forstlehrlinge						
1. Oktober 1911/12	40[1])	49	1	40	6	41	6
1. Oktober 1912/13	39	47[2])	.	42	8	45	5

[1]) Davon haben 3 nicht bestanden. — [2]) Davon hat 1 nicht bestanden.

Tafel 58. Nachweisung der verausgabten Kultur- und Verkehrswegebaugelder für das Etatsjahr und Forstwirtschaftsjahr 1912.

Laufende Nummer	Regierungsbezirk	Zur Holzzucht bestimmte Fläche	Verausgabte Kulturgelder — Kapitel I — Nachbesserungen und Wiederholungen										
			Bodenverwundung				Saat				Pflanzung				Im ganzen			
		ha	ha	d	ℳ	₰	ha	d	ℳ	₰	ha	d	ℳ	₰	ha	d	ℳ	₰
1.	2.	3.	4.				5.				6.				7.			
1	Königsberg	100 752	.	.	.	.	80	.	67	74	393	9	30 227	97	473	9	30 295	71
2	Gumbinnen	126 397	2	5	25	96	135	4	2 326	42	331	6	21 861	94	469	5	24 214	32
									1	50							1	50
3	Allenstein	190 239	9	.	70	50	109	8	2 215	02	830	7	54 314	02	949	5	56 599	54
									3	60							3	60
4	Danzig	124 587	.	.	.	.	19	8	118	62	414	3	31 172	91	434	1	31 291	53
									36	20							36	20
5	Marienwerder	255 539	.	.	.	.	72	9	605	03	1 633	7	83 897	03	1 706	6	84 502	06
													4	70			4	70
6	Potsdam	204 418	2	4	193	90	88	.	3 168	07	1 344	5	125 659	67	1 434	9	129 021	64
													.	25			.	25
7	Frankfurt a. O.	191 339	1	.	20	.	382	1	5 462	20	1 152	6	108 608	09	1 535	7	114 090	29
8	Stettin	107 764	34	5	183	60	32	.	559	93	375	9	33 542	83	442	4	34 286	36
9	Köslin	79 058	4	.	85	22	27	4	237	90	236	8	15 772	10	268	2	16 095	22
10	Stralsund	25 622	11	.	120	64	68	4	942	38	154	5	16 840	43	233	9	17 903	45
11	Posen	97 340	.	.	.	.	111	2	1 866	25	1 284	6	69 161	82	1 395	8	71 028	07
													65	50			65	50
12	Bromberg	126 081	13	6	195	67	7	5	324	90	1 254	4	71 818	02	1 275	5	72 338	59
									6	.			31	.			37	.
13	Breslau	58 621	33	4	500	66	28	1	640	11	310	4	24 709	15	371	9	25 849	92
14	Liegnitz	23 475	.	.	.	.	10	1	197	66	190	8	8 633	22	200	9	8 830	88
15	Oppeln	73 225	.	.	.	.	17	6	1 119	44	297	2	21 192	23	314	8	22 311	67
16	Magdeburg	63 448	.	.	.	.	195	7	4 799	92	330	.	31 392	18	525	7	36 192	10
17	Merseburg	71 805	47	1	994	37	225	2	7 124	48	391	6	39 101	44	663	9	47 220	29
18	Erfurt	37 610	.	.	.	.	.	.	.	.	163	7	14 624	96	163	7	14 624	96
19	Schleswig	37 277	12	2	274	08	55	9	900	20	173	8	13 073	28	241	9	14 247	56
20	Hannover	27 389	1	.	44	12	22	7	360	46	134	7	8 520	32	158	4	8 924	90
21	Hildesheim	99 894	6	9	92	66	61	4	1 551	74	274	7	24 101	47	343	.	25 745	87
22	Lüneburg	75 252	7	3	487	29	46	7	1 675	40	308	7	23 200	49	362	7	25 363	18
23	Stade	17 372	18	4	478	95	4	.	343	30	51	2	5 741	79	74	6	6 564	04
24	Osnabrück mit Aurich	13 664	.	.	.	.	4	2	46	99	36	7	3 048	23	40	9	3 095	22
25	Minden mit Münster	34 679	37	5	353	41	82	2	898	28	87	5	9 124	37	207	2	10 376	06
26	Arnsberg	24 236	.	6	23	81	1	9	49	50	67	7	4 769	41	70	2	4 842	72
27	Cassel	201 099	88	2	2 243	33	167	5	4 581	60	973	3	75 258	18	1 229	.	82 083	11
28	Wiesbaden	51 862	20	7	154	27	36	8	588	87	331	.	23 218	03	388	5	23 961	17
29	Coblenz	29 943	.	.	.	.	47	.	851	42	227	.	15 125	64	274	.	15 977	06
30	Düsseldorf	16 626	.	.	.	.	50	5	1 825	94	81	8	7 578	35	132	3	9 404	29
31	Cöln	13 794	.	.	.	.	105	1	1 428	48	99	9	8 745	54	205	.	10 174	02
32	Trier	64 532	12	7	231	60	81	.	1 870	88	403	5	21 514	40	497	2	23 616	88
33	Aachen	34 282	2	3	122	04	7	8	98	52	395	.	27 740	02	405	1	27 960	58
	Zusammen	2 699 221	366	3	6 896	08	2 386	8	48 847	65	14 737	8	1 073 289	53	17 490	9	1 129 033	26
									7	50			141	25			148	75

Anmerkung: Die schrägen Zahlen geben den Wert der geleisteten Forststrafarbeit an.

Zu Tafel

Laufende Nummer	Regierungs-bezirk	Kapitel II Erstmalige Kulturen											Kapitel III Anlegung und Unterhaltung von Saat- und Pflanzkämpen			
		Boden-verwundung				Saat				Pflanzung				Im ganzen			
		ha	d	ℳ	₰	ha	d	ℳ	₰	ha	d	ℳ	₰	ha	d	ℳ	₰	ha	a	ℳ	₰
		8.				9.				10.				11.				12.			
1	Königsberg	9	2	280	65	625	1	18 754	23	1 486	.	165 479 137	56 20	2 120	3	184 514 137	44 20	67	03	77 879	44
2	Gumbinnen	24	3	516	30	1 560	3	63 091	23	579	1	46 592	14	2 163	7	110 199	67	37	35	37 034	27
3	Allenstein	3	.	92	74	2 117	4	73 823	67	542	1	34 715 25	84 40	2 662	5	108 632 25	25 40	62	74	37 047 22	06 80
4	Danzig	84	9	1 047	96	732	5	19 334 11	04 50	1 288	4	194 496 23	57 .	2 105	8	214 878 88	57 50	38	73	35 287 28	40 60
5	Marienwerder	147	7	1 535	40	2 702	9	69 709 12	45 60	1 671	3	82 176 42	91 .	4 521	9	153 421 54	76 60	78	51	44 959 20	95 90
6	Potsdam	295	7	4 057	15	1 093	4	43 042	76	546	.	64 043 4	04 50	1 935	1	111 142 4	95 50	76	32	77 493 46	80 .
7	Frankfurt a. O.	62	2	1 051	76	1 036	2	47 680	57	551	6	41 540	16	1 650	.	90 272	49	52	63	32 524	53
8	Stettin	18	6	353	63	909	4	36 283	47	260	1	30 128	62	1 188	1	66 765	72	17	42	25 240	31
9	Köslin	49	5	488	65	1 572	8	28 802	28	337	.	22 348	51	1 959	3	51 639	44	11	66	11 488	46
10	Stralsund	.	8	47	29	158	1	9 324	45	135	8	16 508	17	294	7	25 879	91	8	91	12 532	86
11	Posen	32	8	1 429	08	705	3	21 845 28	60 .	779	1	63 802 58	47 .	1 517	2	87 077 86	15 .	46	41	25 374 53	29 90
12	Bromberg	7	.	189	10	325	3	12 555	79	645	9	40 073 14	72 .	978	2	52 818 14	61 .	34	05	23 992 10	09 .
13	Breslau	31	7	533	48	284	.	20 845	22	359	5	31 668	97	675	2	53 047	67	21	50	22 761	49
14	Liegnitz	.	.	.	.	18	3	983	03	183	6	11 547	58	201	9	12 530	61	10	.	8 631	90
15	Oppeln	21	2	195	54	383	2	27 844 10	98 50	228	5	20 615	63	632	9	48 656 10	15 50	14	48	10 352 .	05 80
16	Magdeburg	1	7	90	20	442	9	15 088	71	93	5	9 552	87	538	1	24 731	78	31	65	27 455	95
17	Merseburg	22	8	551	45	360	1	16 075	36	114	8	13 172	51	497	7	29 799	32	15	93	16 111	54
18	Erfurt	6	.	209	93	91	6	2 580	87	192	7	16 951	84	290	3	19 742	64	8	69	13 249 4	52 50
19	Schleswig	295	8	9 703	02	202	7	6 310	30	187	4	20 253	37	685	9	36 266	69	6	10	12 613	60
20	Hannover	3	8	81	62	205	5	6 799	32	201	.	16 045	26	410	3	22 926	20	5	11	7 753	80
21	Hildesheim	40	2	711	25	369	.	4 693	95	385	4	29 315	74	794	6	34 720	94	21	06	26 237	96
22	Lüneburg	58	7	1 753	27	186	6	15 945	71	203	5	26 109	28	448	8	43 808	26	13	27	23 728	46
23	Stade	2	3	121	22	84	3	9 441	22	68	.	8 433	17	154	6	17 995	61	4	08	6 098	85
24	Osnabrück mit Aurich	.	.	.	.	55	9	2 824	02	59	8	6 584	72	115	7	9 408	74	2	01	3 184	99
25	Minden mit Münster	67	3	1 276	24	211	5	4 444	82	183	7	16 334	87	462	5	22 055	93	7	36	13 867	88
26	Arnsberg	94	1	939	65	46	6	2 035	53	186	8	14 883	07	327	5	17 858	25	9	02	8 880	61
27	Cassel	392	4	8 767	93	1 266	8	39 257	28	928	6	62 708	81	2 587	8	110 734	02	38	25	57 860	83
28	Wiesbaden	16	6	153	38	240	3	4 842	20	267	8	19 054	78	524	7	24 050	36	18	46	20 372	12
29	Coblenz	5	2	67	52	192	2	6 577	94	158	6	11 852	75	356	2	18 498	21	34	06	17 620	02
30	Düsseldorf	9	4	203	35	129	4	8 349	07	72	8	9 649	29	211	6	18 201	71	7	62	10 044 1	49 .
31	Cöln	.	.	.	.	53	2	3 070	39	150	9	10 370	96	204	1	13 441	35	7	73	10 495	35
32	Trier	44	2	1 343	52	348	6	13 932	73	420	.	24 494	93	812	8	39 771	18	10	32	20 127 33	51 20
33	Aachen	65	3	1 271	19	85	4	5 088	68	447	5	30 188	47	598	2	36 548	34	10	34	26 519	22
	Zusammen	1914	4	39 063 54	47 .	18 796	8	661 278 62	87 60	13 917	.	1 211 694 304	58 10	34 628	2	1 912 036 420	92 70	828	80	804 822 272	60 20

58.

Kulturgelder														
Kapitel IV		Kapitel V		Kapitel VI		Kapitel VII		Kapitel XI		Summe Kapitel				Die gesamten Kosten der Bestandesgründung betrugen für 1 ha (Sp. 18, geteilt durch die Fläche in Sp. 11)	Regierungs-bezirk
Anschaffung von Samen und Ankauf von Pflanzen		Bewehrungen und Verhegungen		Abzugsgräben und sonstige Entwässe-rungsanlagen		Anschaffung und Unter-haltung der Kulturgeräte		Insgemein		I—VII und XI		durchschnittl. für 1 ha Holz-boden, ausschl. der Kosten für Samen-darren			
ℳ	₰	ℳ	₰	ℳ	₰	ℳ	₰	ℳ	₰	ℳ	₰	ℳ	₰	ℳ	
13.		14.		15.		16.		17.		18.		19.		20.	
30 938	06	18 016	79	16 002	98	3 299	81	42 436	58	403 383	81	4	.	190	Königsberg.
										137	20				
18 102	26	15 486	76	22 853	57	4 944	05	28 171	88	261 006	78	2	06	121	Gumbinnen.
				7	20					59	20				
87 978	77	7 353	87	3 157	74	13 033	91	67 951	44	381 754	58	1	58	113	Allenstein.
								1	30	53	10				
29 438	83	7 151	88	5 302	31	14 407	20	41 153	35	378 911	07	2	90	171	Danzig.
.	80	2	50					72	90	229	50				
98 171	75	9 632	82	6 414	02	28 270	40	138 702	05	564 074	81	1	97	111	Marienwerder.
		5	40					100	40	186	.				
34 375	09	58 922	37	4 218	46	9 440	69	82 656	77	507 271	77	2	43	257	Potsdam.
								1	25	52	.				
43 849	20	29 652	61	3 408	78	11 403	10	70 455	30	395 656	30	1	95	226	Frankfurt a. O.
								12	.	12	.				
16 150	33	8 445	78	3 510	64	5 216	29	42 676	80	202 292	23	1	78	162	Stettin.
								23	.	23	.				
17 957	75	1 251	59	3 529	07	4 092	26	18 899	62	124 953	41	1	45	59	Köslin.
7 327	03	5 957	23	2 857	91	1 339	50	12 480	26	86 278	15	3	37	293	Stralsund.
39 222	36	5 185	10	1 777	89	9 591	50	38 995	47	278 251	83	2	70	173	Posen.
								63	40	268	80				
18 104	19	3 338	20	1 109	65	4 579	73	48 115	73	224 396	79	1	67	215	Bromberg.
								36	.	97	.				
19 396	86	8 090	84	3 240	60	2 040	86	13 498	23	147 926	47	2	37	205	Breslau.
2 837	34	2 564	14	985	75	600	73	6 374	53	43 355	88	1	85	213	Liegnitz.
18 494	55	4 830	99	7 130	89	2 633	11	5 759	60	120 169	01	1	46	169	Oppeln.
								70	.	12	.				
20 281	41	20 067	10	1 535	72	5 876	12	37 507	12	173 647	30	2	54	299	Magdeburg.
96 327	96	13 553	73	2 969	24	2 428	65	35 955	45	244 366	18	2	19	315	Merseburg.
5 683	01	4 058	79	1 239	35	2 444	74	7 091	16	68 134	17	1	81	235	Erfurt.
										4	50				
13 494	99	4 159	54	1 646	06	1 238	84	8 897	14	92 564	42	2	48	134	Schleswig.
6 068	82	9 974	12	1 456	74	1 177	45	6 776	97	65 059	.	2	38	159	Hannover.
8 726	49	4 801	83	2 940	09	2 188	41	12 946	33	118 307	92	1	18	149	Hildesheim.
5 139	85	8 578	56	6 261	41	1 018	27	13 330	24	127 228	23	1	69	283	Lüneburg.
1 763	44	788	77	2 563	01	121	80	3 929	53	39 825	05	2	29	258	Stade.
2 003	71	432	56	686	64	59	29	3 191	64	22 062	79	1	52	180	Osnabrück mit Aurich.
6 755	29	4 568	69	1 800	06	378	96	11 119	48	70 922	35	2	05	153	Minden mit Münster.
3 535	56	647	04	642	93	752	57	5 430	78	42 590	46	1	76	130	Arnsberg.
53 690	91	13 270	36	4 967	69	3 700	44	46 882	01	373 189	37	1	76	137	Cassel.
9 980	38	2 746	08	1 439	10	341	80	13 246	86	96 137	87	1	85	183	Wiesbaden.
9 254	57	1 419	74	800	15	905	75	6 668	37	71 143	87	2	38	200	Coblenz.
4 823	19	4 056	63	2 860	72	83	20	9 725	76	59 199	99	3	56	280	Düsseldorf.
3 322	76	3 001	55	1 055	31	77	85	2 566	98	44 135	17	3	20	216	Cöln.
								45	.	45	.				
16 055	53	2 355	30	5 682	40	1 588	23	19 296	88	128 493	91	1	99	158	Trier.
										33	20				
3 634	14	3 558	75	4 367	97	1 298	62	17 580	20	121 467	82	3	54	203	Aachen.
752 886	38	287 920	11	130 414	85	140 574	13	920 470	76	6 078 158	76	2	11	176	Zusammen.
.	80	7	90	7	20			355	95	1 213	50				
						(einschl. der Kosten für Samendarren:						2	25)		

E

42

Zu Tafel

Laufende Nummer	Regierungs-bezirk	Verausgabte Kulturgelder					Gesamt-summe der Kulturgelder (Tit. 25a)	Gesamt-fläche	Verausgabte		
		Kap. IX Fischerei-zwecke	Kapitel X Verbesserung von Forstgrund-stücken	Zusammen Kapitel IX und X	Kapitel VIII					Unterhaltung alter	Herstellung neuer
					Unterhaltung alter	Herstellung neuer				Wege	
					Holzabfuhrwege und Waldbahnen						
		ℳ ₰	ℳ ₰	ℳ ₰	ℳ ₰	ℳ ₰	ℳ ₰	ha	ℳ ₰	ℳ ₰
		21.	22.	23.	24.	25.	26.	27.	28.	29.
1	Königsberg	511 89	131 574 76	132 086 65	110 550 46	19 489 92	665 510 84	136 582	155 067 08	130 612 .
							137 20		3 60	
2	Gumbinnen	733 85	203 017 50	203 751 35	136 789 20	114 099 06	715 646 39	162 945	109 346 24	32 670 93
							343 70		6 .	
3	Allenstein	. .	92 148 70	92 148 70	46 193 38	15 119 38	535 216 04	233 041	51 370 50	541 .
							351 10		198 75	
4	Danzig	455 21	24 127 55	24 582 76	47 167 99	58 846 13	509 622 .	141 075	55 943 07	20 809 69
					512 70		755 20		60 20	
5	Marienwerder	215 21	121 880 41	122 095 62	59 145 33	31 844 51	777 160 27	289 194	82 974 05	374 204 36
					555 56		741 56		91 40	
6	Potsdam	10 80	54 194 21	54 205 01	190 036 58	46 156 66	797 670 02	226 166	229 697 51	280 671 76
					47 70		99 70		58 80	
7	Frankfurt a. O.	1 137 87	30 806 58	31 944 45	51 629 97	20 118 92	499 349 64	207 524	131 288 82	79 198 91
							12 .			
8	Stettin	289 .	38 008 15	38 297 15	54 589 61	15 009 88	310 188 87	119 998	48 598 31	80 668 95
							182 20		205 20	
9	Köslin	28 75	17 990 18	18 018 93	15 446 93	17 098 78	175 518 05	87 613	21 568 89	11 105 60
							33 .		33 .	
10	Stralsund	. .	5 222 94	5 222 94	11 180 83	2 149 18	104 831 10	28 808	17 755 54	. .
11	Posen	132 89	48 151 89	48 284 78	23 587 37	9 545 74	359 669 72	107 705	58 130 37	14 564 11
					297 40		566 20		1 60	
12	Bromberg	17 60	22 323 86	22 341 46	37 409 92	5 593 47	289 741 64	139 424	46 272 69	2 395 61
					378 70	44 .	519 70		14 80	
13	Breslau	. .	12 997 02	12 997 02	44 222 86	23 424 51	228 570 86	63 772	47 907 26	27 325 35
					84 20		84 20		80	
14	Liegnitz	93 39	1 513 80	1 607 19	11 439 56	9 695 66	66 098 29	24 881	10 786 70	576 11
15	Oppeln	110 70	12 117 64	12 228 34	34 402 79	376 24	167 176 38	77 703	37 411 66	1 799 82
					252 70		264 70		35 30	
16	Magdeburg	. .	7 218 15	7 218 15	31 345 04	19 077 49	231 287 98	69 595	38 928 80	4 470 74
					3 .		3 .			
17	Merseburg	. .	10 679 05	10 679 05	32 857 58	6 084 98	293 987 79	78 745	66 354 77	66 471 20
18	Erfurt	682 75	575 54	1 258 29	56 964 21	48 617 48	174 974 15	39 032	45 583 65	10 116 66
					30 96		35 46			
19	Schleswig	. .	2 950 57	2 950 57	23 658 19	7 018 74	126 191 92	44 252	17 635 29	. .
20	Hannover	. .	71 .	71 .	33 588 44	26 223 65	124 942 09	29 994	12 407 09	2 493 61
21	Hildesheim	600 67	3 917 44	4 518 11	179 570 02	181 634 43	484 030 48	104 194	138 310 .	18 267 28
22	Lüneburg	252 82	10 746 16	10 998 98	36 234 43	19 340 66	193 802 30	82 552	12 037 79	10 067 58
23	Stade	. .	. .	. .	9 089 30	3 095 50	52 009 85	21 024	1 535 34	821 01
24	Osnabrück mit Aurich	. .	296 78	296 78	6 120 85	8 724 31	37 204 73	16 237	1 735 77	. .
25	Minden mit Münster	. .	. .	. .	43 902 95	22 277 43	137 102 73	36 188	48 594 65	4 723 22
26	Arnsberg	. .	1 983 28	1 983 28	19 935 75	15 951 53	80 461 02[1)]	25 126	24 056 75	12 637 49
27	Cassel	. .	13 386 58	13 386 58	181 043 79	150 652 14	718 271 68	208 081	153 499 18	9 387 71
					23 50		23 50			
28	Wiesbaden	580 60	11 591 42	12 172 02	53 068 48	32 655 78	194 034 15	53 517	5 057 09	609 72
					21 .		21 .			
29	Coblenz	. .	4 827 12	4 827 12	24 463 68	14 293 50	114 728 17	30 838	26 882 01	12 538 54
30	Düsseldorf	. .	997 41	997 41	8 755 20	820 56	69 773 16	18 772	19 585 12	4 460 75
							1 .			
31	Cöln	. .	1 701 29	1 701 29	5 467 23	335 65	51 639 34	14 807	14 309 66	. .
					7 50		52 50			
32	Trier	434 57	10 379 25	10 813 82	66 342 45	73 139 09	278 789 27	66 740	114 029 15	2 563 75
					222 50		255 70			
33	Aachen	99 57	4 516 64	4 616 21	45 752 07	69 676 98	241 513 08	35 538	96 409 82	3 516 20
	Zusammen	6 388 14	901 912 87	908 301 01	1 731 952 44	1 088 187 94	9 806 600 15[1)]	3 021 663	1 941 070 62	1 220 289 66
					3 235 12	57 .	4 505 62		471 25	

[1)] Gegen die Ausgabe beim Tit. 25a sind hier 6,60 Mark weniger; dieser Betrag entfällt auf Tit. 31.

58.

Verkehrswegebaugelder						Holzabfuhr- und Verkehrswege				Beihilfen zu Chausseen usw. außerhalb der Forsten		Gesamtaufwendungen für den Wegebau				Regierungsbezirk
Brücken		Gezahlte Beihilfen und „Insgemein"		Zusammen (Spalten 28—31)		zusammen (Spalte 24 + 25 + 32)		durchschnittlich für 1 ha der Gesamtfläche				(Spalte 33 + 35)		für 1 ha Holzboden		
ℳ	₰	ℳ	₰	ℳ	₰	ℳ	₰	ℳ	₰	ℳ	₰	ℳ	₰	ℳ	₰	
30.		31.		32.		33.		34.		35.		36.		37.		
9 488	53	26 228	14	321 395	75	451 436	13	3	31	35 746	.	487 182	13	4	84	Königsberg.
						3	60					3	60			
6 325	63	32 666	73	181 009	53	431 897	79	2	65	56 834	58	488 732	37	3	87	Gumbinnen.
				6	.	290	50					290	50			
1 473	43	117 587	38	170 972	31	232 285	07	1	.	7 800	.	240 085	07	1	26	Allenstein.
						198	75					496	75			
1 549	79	67 056	66	145 359	21	251 373	33	1	78	13 500	.	264 873	33	2	13	Danzig.
					60	585	90					585	90			
13 070	25	146 796	37	617 045	03	708 034	87	2	45	146 790	43	854 825	30	3	35	Marienwerder.
				91	40	646	96					646	96			
4 025	41	266 068	79	780 463	47	1 016 656	71	4	50	56 868	90	1 073 525	61	5	25	Potsdam.
			50	59	30	107	.					107	.			
29 293	68	10 367	58	250 148	99	321 897	88	1	55	12 500	.	334 397	88	1	75	Frankfurt a. O.
569	67	63 580	68	193 417	61	263 017	10	2	19	28 500	.	291 517	10	2	71	Stettin.
						182	20					182	20			
938	02	28 908	17	62 520	68	95 066	39	1	09	58 487	25	153 553	64	1	94	Köslin.
						33	.					33	.			
968	23	24 298	67	43 022	44	56 352	45	1	96	5 000	.	61 352	45	2	39	Stralsund.
1 959	92	15 937	29	90 591	69	123 724	80	1	15	.	.	123 724	80	1	27	Posen.
				1	60	299	.					299	.			
1 773	40	10 164	36	60 606	06	103 609	45	.	74	3 660	85	107 270	30	.	85	Bromberg.
				14	80	437	50					437	50			
6 718	72	1 333	10	83 284	43	150 931	80	2	37	31 600	.	182 531	80	3	11	Breslau.
				.	80	85	.					85	.			
81	61	5	60	11 450	02	32 585	24	1	31	230	.	32 815	24	1	40	Liegnitz.
9 370	74	22 229	58	70 811	80	105 590	83	1	36	48 179	70	153 770	53	2	10	Oppeln.
				24	50	312	50					312	50			
82	77	29 425	11	72 907	42	123 329	95	1	77	12 000	.	135 329	95	2	13	Magdeburg.
						3	.					3	.			
1 619	51	8 105	90	142 551	38	181 493	94	2	30	40 683	24	222 177	18	3	09	Merseburg.
.	.	442	75	56 143	06	161 724	75	4	14	4 857	65	166 582	40	4	43	Erfurt.
						30	96					30	96			
.	.	11 358	74	28 994	03	59 670	96	1	35	497	88	60 168	84	1	61	Schleswig.
.	.	2 990	64	17 891	34	77 703	43	2	59	.	.	77 703	43	2	84	Hannover.
1 551	52	3 822	.	161 950	80	523 155	25	5	02	15 534	77	538 690	02	5	39	Hildesheim.
2 251	52	8 724	67	33 081	56	88 656	65	1	07	5 685	20	94 341	85	1	25	Lüneburg.
.	.	.	.	2 356	35	14 541	15	.	69	12 170	.	26 711	15	1	54	Stade.
.	.	5 300	.	7 035	77	21 880	93	1	35	1 000	.	22 880	93	1	67	Osnabrück mit Aurich.
.	.	2 500	.	55 817	87	121 998	25	3	37	2 000	.	123 998	25	3	58	Minden mit Münster.
.	.	2 500	.	39 194	24	75 081	52	2	99	18 500	.	93 581	52	3	86	Arnsberg.
650	04	6 024	.	169 560	93	501 256	86	2	41	3 307	85	504 564	71	2	51	Cassel.
						23	50					23	50			
.	.	3 773	13	9 439	94	95 164	20	1	78	22 211	46	117 375	66	2	26	Wiesbaden.
						21	.					21	.			
.	.	226	70	39 647	25	78 404	43	2	54	100	.	78 504	43	2	62	Coblenz.
.	.	.	.	24 045	87	33 621	63	1	79	.	.	33 621	63	2	02	Düsseldorf.
60	.	.	.	14 369	66	20 172	54	1	36	1 000	.	21 172	54	1	53	Cöln.
						7	50					7	50			
.	.	500	.	117 092	90	256 574	44	3	84	15 881	90	272 456	34	4	22	Trier.
						222	50					222	50			
4	50	.	.	99 930	52	215 359	57	6	06	500	.	215 859	57	6	30	Aachen.
93 826	89	918 922	74	4 174 109	91	6 994 250	29	2	31	661 627	66	7 655 877	95	2	84	Zusammen.
			25	496	25	3 788	37					3 788	37			

Tafel

Nachweisung über die Arbeiter der Staatsforstverwaltung

Laufende Nummer	Regierungsbezirk	Beschäftigte Arbeiter		durchschnittliche Beschäftigungsdauer (Sp. 4:3)	Durchschnittliche Arbeitslöhne für ein Tagewerk										Besondere (außer der Bevorholz- und Beeren-		
					Tagelohn								Stücklohn		Wohnungsfürsorge		
					Sommer				Winter				Sommer	Winter			
		im ganzen (Männer, Frauen, Jugendliche)	Gesamtzahl der Arbeitstage		Männer	Frauen	jugendliche Arbeiter	durchschnittliche tägliche Arbeitsdauer	Männer	Frauen	durchschnittliche tägliche Arbeitsdauer	Männer		Zahl der an Arbeiter vermieteten Wohnungen	Durchschnittlicher jährlicher Mietspreis für eine Wohnung	Die Waldweide wird von Arbeitern im ganzen mit wieviel Stück Rindvieh ausgeübt?
				Tage	ℳ ₰	ℳ ₰	ℳ ₰	Std.	ℳ ₰	ℳ ₰	Std.	ℳ ₰	ℳ ₰		ℳ	
1.	2.	3.	4.	5.	6.	7.	8.	9.	10.	11.	12.	13.	14.	15.	16.	17.
1	Königsberg	8 312	475 401	57	2 48	1 36	1 19	10	2 02	1 14	8	3 24	2 30	86	31	131
2	Gumbinnen	8 478	583 242	69	2 27	1 29	1 04	10	1 85	1 03	8	3 07	2 27	173	35	200
3	Allenstein	10 391	643 913	62	2 .	1 10	. 93	10	1 71	. 94	8	2 55	2 35	112	30	2 746
4	Danzig	7 201	464 020	64	2 12	1 19	1 08	10	1 71	1 .	8	2 69	2 08	153	32	690
5	Marienwerder	15 275	793 817	52	2 .	1 23	1 03	10	1 69	1 02	8	2 55	2 14	480	27	1 987
6	Potsdam	11 732	706 014	60	2 80	1 43	1 04	10	2 56	1 29	8	3 63	3 15	103	34	74
7	Frankfurt a. O.	10 601	605 115	57	2 41	1 32	1 11	10	1 98	1 11	8	3 21	2 94	108	42	256
8	Stettin	4 981	291 919	59	2 69	1 40	1 20	10	2 31	1 17	8	3 42	3 08	59	36	56
9	Köslin	3 796	203 931	54	2 17	1 29	1 12	10	1 82	1 11	8	3 01	2 70	127	19	233
10	Stralsund	1 100	105 249	96	2 61	1 49	1 17	10	2 15	1 21	9	3 60	3 38	64	32	.
11	Posen	7 247	390 133	54	2 07	1 13	. 92	10	1 69	. 95	8	2 76	2 14	200	27	1 159
12	Bromberg	7 555	402 736	53	2 05	1 26	1 05	10	1 82	1 11	8	2 92	2 32	82	30	1 730
13	Breslau	6 347	398 635	63	2 07	1 06	. 88	10	1 81	. 92	8	2 59	2 16	14	36	.
14	Liegnitz	1 669	95 604	57	2 28	1 16	. 91	10	2 06	1 06	8	3 13	3 .	6	32	.
15	Oppeln	6 549	381 997	58	1 98	1 03	. 88	10	1 68	. 89	8	2 61	2 14	18	19	406
16	Magdeburg	3 347	214 250	64	2 73	1 37	1 17	10	2 41	1 20	8	3 20	2 97	6	48	2
17	Merseburg	4 782	253 532	53	2 61	1 26	. 98	10	2 30	1 10	8	3 31	2 90	14	46	.
18	Erfurt	2 754	191 914	70	2 98	1 39	1 14	10	2 79	1 23	9	3 70	3 77	5	50	89
19	Schleswig	1 979	139 741	71	3 07	1 84	1 51	10	2 81	1 59	8	3 74	3 25	49	36	20
20	Hannover	1 652	104 124	63	2 82	1 75	1 33	10	2 62	1 53	9	3 54	3 28	13	32	9
21	Hildesheim	4 728	520 860	110	2 74	1 42	1 24	10	2 52	1 28	9	3 70	3 46	50	15	211
22	Lüneburg	3 469	212 573	61	2 78	1 67	1 52	10	2 49	1 50	8	3 72	3 31	115	44	8
23	Stade	902	54 336	60	3 07	2 14	1 83	10	2 58	1 60	8	3 63	2 84	15	58	10
24	Osnabrück/Aurich	911	47 880	53	2 73	1 76	1 42	10	2 28	1 50	8	3 18	2 89	5	56	61
25	Minden/Münster	2 712	159 824	59	2 72	1 60	1 38	10	2 54	1 44	9	3 53	3 30	2	50	197
26	Arnsberg	1 132	82 232	73	3 40	1 85	1 71	9	3 13	1 73	8	4 28	3 85	10	58	141
27	Cassel	16 330	769 533	47	2 59	1 49	1 26	10	2 36	1 33	9	3 42	2 95	10	45	14
28	Wiesbaden	6 891	228 476	33	2 96	1 67	1 54	10	2 72	1 55	8	3 79	3 04	1	250	.
29	Coblenz	3 152	146 915	47	2 66	1 56	1 38	10	2 43	1 41	8	3 35	2 99	.	.	31
30	Düsseldorf	888	52 082	59	3 08	1 93	1 64	10	2 92	1 80	8	3 60	3 63	1	75	10
31	Cöln	865	46 739	54	3 30	1 65	1 43	10	3 12	1 60	8	3 97	3 72	3	56	.
32	Trier	4 450	304 752	68	3 06	1 51	1 43	10	2 76	1 27	8	3 81	3 30	5	70	11
33	Aachen	2 125	158 507	75	2 95	1 68	1 41	10	2 56	1 51	8	3 71	3 33	7	26	5
	Zusammen	174 303	10 229 996	59	1 98 / 3 40	1 03 / 2 14	. 88 / 1 83	10	1 68 / 3 13	. 89 / 1 80	8	2 55 / 4 28	2 08 / 3 85	2 096	31	10 487

59.

für das Etatsjahr und Forstwirtschaftsjahr 1912.

Vergünstigungen für die Arbeiter (zugung bei der Ausgabe von Gras-, Lesezetteln und der Abgabe von Holz, Streu usw.)					Von den Arbeitern sind gegen Krankheit versichert				Erkrankt sind von den Arbeitern in der Spalte	Unfälle im Staatsforstbetriebe während des abgelaufenen Etatsjahres		Gesamtausgaben für Unfälle (einschl. der den fiskalischen Gutsbezirken zur Last fallenden Kosten des Heilverfahrens während der ersten 13 Wochen)		Freiwillige Unterstützungen für Waldarbeiter und deren Hinterbliebene		Außerdem sind aus dem Gnadenpensionsfonds gezahlt	
Ländereien sind an Arbeiter verpachtet					bei forstfiskalischen Betriebskrankenkassen		bei Orts- und Landkrankenkassen (einschl. der freiwillig Versicherten)										
an wieviel Arbeiter?	Größe der Pachtflächen im ganzen (Garten, Acker, Wiese)	Gesamtes Pachtgeld für die Fläche in Spalte 19	an einem Arbeiter sind durchschnittlich verpachtet (Spalte 19:18)	durchschnittlicher Pachtpreis für 1 ha (Sp. 20:19)	Zahl	ungefähre Gesamtzahl der Arbeitstage	Zahl	ungefähre Gesamtzahl der Arbeitstage	23	25	im ganzen	darunter Todesfälle						
	ha	ℳ	ha a	ℳ ₰									ℳ	₰	ℳ	₰	ℳ	₰
18.	19.	20.	21.	22.	23.	24.	25.	26.	27.	28.	29.	30.	31.		32.		33.	
514	361	6 315	. 70	17 49	.	.	525	52 049	.	8	86	2	22 914	08	3 700	.	.	.
1 944	2 381	36 133	1 22	15 18	1 000	120 649	414	56 576	127	20	99	1	18 629	45	3 460	.	324	.
1 770	3 289	30 460	1 86	9 26	2 794	186 921	12	1 107	259	.	97	2	19 296	07	4 700	.	435	.
975	1 783	11 304	1 83	6 34	.	.	46	8 946	.	6	66	1	17 527	90	2 200	.	72	.
1 925	3 704	22 567	1 92	6 09	.	.	4 488	275 017	.	284	81	2	24 861	70	5 460	.	438	.
345	274	3 627	. 79	13 24	1 546	89 238	5 819	401 104	229	264	116	.	37 963	99	4 135	.	759	.
685	758	10 120	1 11	13 35	2 016	115 444	2 633	216 320	172	134	76	.	20 303	28	3 505	.	174	.
165	213	2 790	1 29	13 10	.	.	3 047	223 628	.	212	41	.	17 651	07	1 760	.	312	.
459	631	4 263	1 37	6 76	.	.	465	46 071	.	49	26	.	6 607	40	1 200	.	504	.
122	224	3 526	1 84	15 74	.	.	830	96 717	.	66	12	.	7 310	13	320	.	.	.
837	938	8 332	1 12	8 88	3 450	207 164	31	2 637	290	.	43	1	7 846	24	1 920	.	.	.
717	623	6 746	. 87	10 83	.	.	168	13 798	.	24	51	1	10 352	11	1 491	.	.	.
295	203	1 579	. 69	7 78	.	.	1 215	121 707	.	105	108	1	16 385	90	1 610	.	108	.
53	49	644	. 92	13 14	.	.	816	78 445	.	117	10	.	3 319	12	400	.	.	.
848	572	8 418	. 67	14 72	.	.	2 595	218 486	.	341	55	.	12 830	04	1 549	.	120	.
342	184	4 031	. 54	21 91	.	.	2 507	196 934	.	136	10	1	14 232	65	1 350	.	420	.
56	32	649	. 57	20 28	1 500	143 177	1 630	97 797	190	53	27	.	8 037	58	1 323	.	132	.
260	121	2 037	. 47	16 83	556	105 070	853	62 457	152	63	8	.	8 378	23	1 150	.	.	.
76	153	2 721	2 01	17 78	26	3 422	1 186	102 262	2	28	22	.	9 047	11	900	.	184	.
99	74	2 215	. 75	29 93	.	.	801	71 530	.	64	22	.	8 945	14	557	.	.	.
1 147	509	9 088	. 44	17 85	.	.	2 881	431 952	.	429	130	2	22 035	41¹)	2 477	14	437	.
503	526	8 697	1 05	16 53	.	.	1 360	128 102	.	117	48	.	10 808	52	1 200	.	.	.
75	175	1 861	2 33	10 63	.	.	131	12 786	.	4	9	.	2 658	77	400	.	.	.
42	64	648	1 52	10 13	.	.	330	19 112	.	34	12	.	2 547	16	420	.	.	.
161	122	2 300	. 76	18 85	.	.	1 469	126 802	.	106	23	.	7 013	23	879	.	.	.
95	161	2 798	1 69	17 38	.	.	710	73 706	.	40	23	.	5 582	88	500	.	.	.
617	357	5 777	. 58	16 18	343	23 042	11 499	598 586	72	734	199	1	43 318	84	3 267	.	354	75
22	9	257	. 41	28 56	.	.	2 975	135 730	.	123	85	.	12 036	02	1 010	.	.	.
28	29	382	1 04	13 17	.	.	1 355	77 973	.	101	34	.	8 653	21	800	.	.	.
28	38	1 029	1 36	27 08	.	.	505	38 723	.	17	17	2	2 807	40	390	.	.	.
1	7	112	7 .	16 .	.	.	361	30 232	.	30	6	.	1 470	70	300	.	.	.
72	59	457	. 82	7 75	4 353	301 231	11	800	746	.	82	.	12 867	41	1 599	40	.	.
44	103	1 101	2 34	10 69	.	.	444	45 297	.	39	20	1	5 920	32	700	.	.	.
15 322	18 726	202 984	1 22	10 84	17 584	1 295 358	54 112	4 063 389	2 239	3 748	1 744	18	430 159	06¹)	56 632	54	4 773	75

¹) Außerdem sind für die Forstarbeiter-Unterstützungskasse in Clausthal 38 608,18 ℳ aufgewendet worden.

Tafel

Nachweisung der aus dem Forstbaufonds zu unterhaltenden

Laufende Nummer	Regierungsbezirk	Etatsmäßige Dienststellen für		Dienstgehöfte oder Dienstwohnungen für						Es sind ohne Dienstwohnungen		Dienstwohnungen für Forstkassenrendanten	Familienwohnungen für Waldarbeiter
		Oberförster	Revierförster und Förster (ausschl. Forstschreiber)	Oberförster	Revierförster und Förster (ausschl. Forstschreiber)	Waldwärter	Förster o. R. (einschl. Forstschreiber) und Forsthilfsaufseher	Meister bei den Nebenbetriebsanstalten	Wärter bei den Nebenbetriebsanstalten	Oberförster	Revierförster und Förster		
1.	2.	3.	4.	5.	6.	7.	8.	9.	10.	11.	12.	13.	14.
1	Königsberg	24	144¹)	24	142²)	1	12	2	.	.	.	.	96
2	Gumbinnen	28	157	28	157	4	40	1	.	.	.	.	191
3	Allenstein	35	205	35	203	2	37	.	.	.	2	.	116
4	Danzig	24	147	23	147	.	32	.	.	1	.	1	155
5	Marienwerder	51	292	49	291	2	74	2	.	2	1	1	507
6	Potsdam	45	239	44	238	1	63	1	.	1	1	.	102
7	Frankfurt a. O.	40	232	39	224	.	31	.	.	1	8	1	119
8	Stettin	26	135	26	135	1	21	1	1	.	.	.	63
9	Köslin	16	99	16	99	.	13	.	2	.	.	1	156
10	Stralsund	6	50	6	49	.	9	.	.	.	1	.	66
11	Posen	20	117	18	117	.	41	.	.	2	.	.	208
12	Bromberg	26	140	23	140	.	24	2	.	3	.	.	98
13	Breslau	16	107	13	107	.	12	.	.	3	.	.	17
14	Liegnitz	5	42	5	39	.	2	.	.	.	3	.	10
15	Oppeln	18	108	16	108	1	37	2	.	2	.	1	24
16	Magdeburg	17	99	16	98	.	16	.	.	1	1	.	7
17	Merseburg	20	120	20	118	1	12	2	.	.	2	1	14
18	Erfurt	14	80	13	80	.	3	.	.	1	.	.	7
19	Schleswig	14	60	10	58	10	9	.	.	4	2	.	48
20	Hannover	15	63	14	63	.	6	.	.	1	.	.	13
	Außerdem klösterlich:	12	36	11³)	36³)	5³)	2³)	.	.	1	.	.	.
21	Hildesheim	41	183	40	176	.	14	.	.	1	7	1	50
22	Lüneburg	22	106	21	105	2	12	.	.	1	1	.	123
23	Stade	7	29	7	29	1	1	.	.	.	.	.	15
24	Osnabrück mit Aurich	4	25	4	25	2	.	.	.	.	.	.	5
25	Minden mit Münster	12	72	10	69	2	3	.	.	2	3	.	1
26	Arnsberg	10	42	9	41⁴)	.	2	.	.	1	.	.	12
27	Cassel	86	399	82	386	3	14	1	.	4	13	1	9
28	Wiesbaden	56	106	55	97⁵)	4	2	.	.	1	8	.	1
29	Coblenz	12	79	11	73	.	3	.	.	1	6	.	.
30	Düsseldorf	5	41	4	37	.	4	.	.	1	4	.	1
31	Cöln	4	26	3	25	.	2	.	.	1	1	.	3
32	Trier	18	117	18	112	.	6	.	.	.	5	.	5
33	Aachen	10	57	10	56	.	1	.	.	.	1	.	6
34	Sigmaringen	4	.	1	.	.	.	.	.	3	.	.	.
		751	3918¹)	713	3844	37	558	.	.	38	70		
	Außerdem klösterlich	12	36	11³)	36³)	5³)	2³)	.	.	1	.		
	Zusammen	763	3954	724	3880	42	560	14	3	39	70	8	2248
	Offene Stellen	4	3	(Sp. 29:	+ 4)								
	Etatsumme	767	3957		3884								

60.
Gebäude nach dem Stande vom 1. Oktober 1913.

Waldarbeiterherbergen	Mühlen vom Staate verwaltete	Mühlen verpachtete	Samendarren	Gasthäuser	Armenhäuser	Sonstige vermietete oder mit Pachtgrundstücken verbundene Wohnungen	zugehörige Wirtschaftsgebäude	Feuerwachttürme	Ruinen	Aussichtstürme	Außerhalb der Forstgehöfte gelegene Gebäude zur Unterbringung von Kulturgeräten, Wildheu usw.	Sonstige Gebäude	Gebäude, zu deren Ausführung Darlehen oder Bauprämien aus Fonds der landwirtschaftlichen oder Forstverwaltung gewährt worden sind	Bemerkungen
15.	16.	17.	18.	19.	20.	21.	22.	23.	24.	25.	26.	27.	28.	29.
8	.	.	2	.	1	8	4	.	.	.	4	5	.	[1] Einschl. 2er für eine Privatforst angestellter Förster.
.	.	.	.	2	.	1	.	5	.	.	26	1	199	[2] Ausschl. der Wohnungen für diese beiden Förster.
2	.	6	3	3	.	44	42	12	.	.	17	8	.	
4	.	6	2	2	2	37	38	8	1	.	2	7	14	
.	.	9	6	3	4	33	63	25	.	.	44	12	32	
1	1	.	8	4	.	14	13	3	.	.	3	8	.	
.	1	.	3	1	2	12	14	1	1	.	16	.	.	
2	.	1	5	.	2	20	20	2	.	.	6	2	.	
.	.	5	1	1	.	53	50	2	.	.	6	1	.	
1	.	.	.	2	.	2	4	.	.	.	.	4	.	
2	.	.	1	1	3	11	20	12	.	.	13	5	1	
.	.	3	2	1	2	8	7	24	.	.	7	2	38	
6	.	.	3	3	.	.	.	3	1	.	6	1	.	
1	.	.	.	1	.	.	.	7	.	1	1	2	.	
.	.	.	2	.	1	3	.	1	.	.	3	2	.	
.	.	.	2	6	1	4	1	4	5	1	6	1	.	
.	.	.	2	1	.	.	1	7	2	.	8	8	.	
.	.	.	.	3	.	1	4	.	3	.	4	1	.	
.	.	.	.	.	.	7	14	3	.	.	1	.	.	
6	.	.	.	.	.	4	.	.	1	.	.	1	.	[3] Aus Fonds der Klosterkammer.
52	.	5	1	3	.	1	1	.	9	.	68	4	.	
6	.	.	1	.	.	3	.	6	.	.	8	11	.	
2	.	.	.	.	.	3	.	2	.	.	1	.	11	
.	.	.	1	.	.	1	2	.	.	.	.	.	1	
1	.	.	.	3	.	.	.	.	1	1	4	1	.	
3	.	.	.	.	.	8	9	.	.	.	.	4	.	[4] Außerdem 1 Förstergehöft aus Fonds der Marken-Interessenten.
.	.	1	1	3	.	3	.	.	12	2	36	8	.	
1	.	.	.	.	.	.	.	.	1	.	11	1	.	[5] Außerdem 1 Förstergehöft aus Zentralstudienfonds.
.	.	.	.	.	.	.	.	.	.	.	1	.	1	
1	.	.	.	.	.	.	.	.	.	.	2	.	5	
1	.	.	.	.	.	7	6	.	1	.	2	.	.	
37	.	.	.	1	.	.	.	.	1	3	89	.	.	
8	.	.	.	.	.	1	6	.	.	.	.	.	.	
.	.	.	.	.	.	.	.	.	.	.	.	.	.	
145	2	36	46	44	18	289	313	131	43	6	394	101	302	

47

If you have any concerns about our products,
you can contact us on
ProductSafety@springernature.com

In case Publisher is established outside the EU,
the EU authorized representative is:
**Springer Nature Customer Service Center GmbH
Europaplatz 3, 69115 Heidelberg, Germany**

Printed by Libri Plureos GmbH
in Hamburg, Germany